U0754389

你的人生要自己来导演

赵丽荣 著

台海出版社

图书在版编目（CIP）数据

你的人生要自己来导演 / 赵丽荣著 . -- 北京：台
海出版社，2017.10
ISBN 978-7-5168-1570-0

Ⅰ．①你⋯ Ⅱ．①赵⋯ Ⅲ．①成功心理—通俗读物
Ⅳ．① B848.4-49

中国版本图书馆 CIP 数据核字（2017）第 228433 号

你的人生要自己来导演

著　者｜赵丽荣

责任编辑｜王　萍　曹文静　　　策划编辑｜郭海东　张　颖
装帧设计｜十　三　　　　　　　　责任印制｜蔡　旭

出版发行｜台海出版社
地　　址｜北京市东城区景山东街20号　邮政编码：100009
电　　话｜010 — 64041652（发行，邮购）
传　　真｜010 — 84045799（总编室）
网　　址｜www.taimeng.org.cn/thcbs/default.htm
E — mail｜thcbs@126.com

印　　刷｜北京嘉业印刷厂
开　　本｜880 毫米 × 1230 毫米　1/32
字　　数｜178 千字
印　　张｜8.5
版　　次｜2017 年 12 月第 1 版
印　　次｜2017 年 12 月第 1 次印刷
书　　号｜ISBN 978-7-5168-1570-0
定　　价｜39.80元

前言

　　想要什么样的人生，我们不止一次这样问自己。

　　那些人生最美妙的蓝图，曾经在心里一次又一次反复描绘过，想象着未来的某一天，自己想要的人生会盛开如花，幸福的感觉便如电流般酥酥麻麻地穿过心灵。

　　想着想着，脸上就泛起了甜蜜的笑容。

　　可是，现实是曾经憧憬想要的生活，却一直没有到来……

　　我们知道，不是现实的生活磨砺了初心，而是每走一段路，就会有人告诉我们，梦想抵不过现实，想象里的美好跟不上现实瞬息万变的脚步，所以，该是梦醒的时候了。

　　于是，我们追着现实赛跑，好像不跑快点就会惨遭淘汰，渐渐地，我们把曾经的初心吹散在急速流逝的时光机器里，失去了慢下来的能力，就像被上了发条不停旋转的陀螺，机械式地快速飞驰，来不及问一声自己要去哪里。

　　似乎，已经习惯了顺从那些被安排的人生。学生时代我们为了在每一次的考试里脱颖而出，为了做别人眼里的第一，我们将自己桎梏在固定的模式里，做着别人喜欢的自己。我们不敢与众不同，也不敢剑走偏锋。因为稍不留意就会成为"怪胎"，偏离所谓的正确的人生方向。

高考时，我们遵从家长的意愿，为了他们认为将来更好的安排，报考了别人认为更有前途的专业。

工作后，事业不是为了自己喜欢而去做，是为了成为别人眼里的精彩而去做。

爱情和婚姻，家庭和孩子，每一步该路归何处，似乎一直活在别人的意见和安排里，一步步走过那些因为不情愿而涌出的人生暗流里，每一步都走得那么艰难。

这一生，似乎没有一刻是完全属于自己的，那些在别人眼中盛开的人生，绽放着不属于自己的花朵。采一朵轻轻闻一闻，只呛到自己泪流满面。

而那些被剥夺和被交付的人生，似乎都是为了规避未来的种种风险。就像年少时家人在为我们做出每一个决定后都会说的一句话："我这样做，是为了你好。"

原来，一直以来，是那些被我们妖魔化了的，还没有发生的事情操纵恐吓了自己，那些莫须有的担心焦虑紧紧盘绕于心，桎梏了心灵，也撼动了曾经坚不可摧的初心。未来那么遥远，谁知道会发生什么？与其担忧，不如按照自己喜欢的方式生活，也许，蓦然回首，幸福就那么自然地，在灯火阑珊处闪烁。

一个女孩说，那是一次爱情选择的关键时刻，两个男孩同时喜欢上她，她只能选择一个。自己将两个人的优劣分别列了出来，认真对比，左右权衡，可最后还是无法做出决定。于是准备给自己最好的朋友打电话询问，到底要选哪个人？

　　但后来她想了想："别人又不是我，情感是秘而不宣的事情，爱与不爱，是只有自己才知道的事情，换作别人问我，我又要怎么回答。即使关系够铁，帮我分析利弊权衡，但最终做决定的人还是我啊，不然选错了，谁负责。"

　　就像下面这个场景里的故事：

　　在人生的十字路口，有一条荒无人烟的小路闪烁着梦想里的光芒，召唤着她。

　　她迫不及待地想要走上去。

　　母亲拦住她："那条路不能走。"

　　"我喜欢，为什么不可以？"

　　"我曾经在那条路上受过伤，所以不能让你走。"

　　"只要我喜欢，就没有什么可怕的。"母亲满眼忧虑地看着她，长叹一声："好吧，你有你的生活和坚持，那条路很难走，一路小心！"

　　待她走上去之后，才发现，那的确是一条艰难的路，她走得步履维艰，磕得头破血流，但只要想到走下去就有想要的幸福，她便顿觉身轻如燕，所有困难似乎也已化作一股无形的力量，终于，她走过了那条路。

坐下来看着长途跋涉后，那属于自己的幸福时，一个年轻人信步而来，正站在她当年的路口，她伸手一拦："那条路不能走。"

像当年的自己一样，年轻人问道："可是我喜欢，为什么不能走？"

"我踏着一路的艰辛才走过来，这份千回百转的折磨，你会无法承受。"

"既然你都能走过来，我为什么不能？"

"我不能让你走那么艰难的路。"

"但是我喜欢。"

她看着像极了当年的自己的年轻人，莞尔一笑："一路小心。"

是的，别人有别人的劝解，我们有我们的坚持，这才是最好的状态。

有时候，当我们把困惑和疑虑告诉身边的人，凡是聪明的人，他们总是认真地聆听我们的心声，时不时地帮我们抽丝剥茧的分析，引导我们正确思考。可是，最终都会让我们自己做出决定，他们从来都不会告诉我们应该怎么做，不应该怎么做。

因为，每个人的家庭背景不同，思维方式不同，成长环境不同，追求认知不同，人生目标不同，我不是你，我又怎能以我自己认为对的方式，来要求你呢？

一个男孩遭遇情感和工作的双重问题。情感上他不知道该听从家人还是听从内心，他不知道是坚持"彼此相爱大于一切"，还是坚持"物质是爱情的基础"。

工作上，他内心希望做自己喜欢的职业，却不愿意违背职场生存法则，放弃自己不喜欢别人却看好的工作。

其实，他不需要在自己和别人之间徘徊，他只需要知道三件事：自己到底想要什么？自己希望过什么样的生活？自己能接受每一种选择后的结果吗？

想清楚，把每一步路，都走成专属于自己的人生，无论最终收获的是伤痛还是喜悦，都是只有自己才懂的"似锦繁华"。

成长的路从来都不是坦途的。

谁不曾站在人生的十字路口纠结。

自己的人生自己做主，没有人能决定你的人生。

更不要让没有自我的人生，荒芜了你想要的人生。

只需要走下去，在专属于自己的人生里闪耀……

赵丽荣

第一辑

谁不是在半懂半懂中，一路折腾着走来

人生是一场独舞 / 003

做别人要求的自己，还是做自己喜欢的自己 / 008

习惯在别人眼中，寻找被肯定的自己 / 013

没有自我参与的人生，都是"二手的" / 018

你的一生，无人托付，无人替代 / 022

不要让孱弱无助，成为逃避现实的借口 / 027

把梦想留给自己，把未来交给时光 / 032

所谓强大，就是流着眼泪笑着说 / 037

目录 CONTENTS

第二辑

只有回不去的昨天，没有到不了的明天

选择好今天，未来就没有后悔的昨天 / 045

所有失去都会以另一种方式归来 / 050

每一个难熬的昨天，成就了现在的自己 / 055

你想要的，永远都只有自己才能给自己 / 060

爱情：不要以爱的名义扼杀自己的人生 / 065

婚姻：我的婚姻我做主 / 071

家庭：把日子过成你想要的样子 / 076

事业：选择你爱的，而不是别人喜欢的 / 081

第三辑

在人生最关键的时候，
逼自己一把

折翼的天使也能飞越沧海 / 087

总有人帮你，不一定是好事 / 093

你就是你自己的英雄 / 098

竭尽全力，从不依靠，从不寻找 / 104

那些让人痛苦的，必是让人成长的 / 109

有阴影的地方，才有光 / 115

太过依赖，是因为安全感的流失 / 120

我的人生我主宰，我的人生不将就 / 126

目录　C O N T E N T S

第四辑

别让怯懦毁了
超越自我的潜能

让我任性地出走，疯狂地行驶在自己的路上 / 133

独立时，世界于你是一座荒岛 / 139

输掉什么，都不能输掉自我选择权 / 144

不要让别人的意见，遮住你的光芒 / 150

无谓的顾虑和等待，是最奢侈的挥霍 / 155

"叛逆"的影子里，是出乎意料的潜能 / 161

就算结局潦倒，也曾有过美好的开始 / 167

未来之所以美，是因为未知的神秘 / 173

第五辑

自己做主的人生，
不抱怨也不曾后悔

在被偷走的那些年，谁动了我的人生 / 181

冷暖自知，你不是我，怎知我想要的幸福 / 188

身后空无一人，我怎敢倒下？ / 194

无比清楚自己的路，无比任性自己的梦 / 199

学会选择前，你从未真正快乐 / 204

我就要你这一次，为自己做主 / 209

请不要逼我活成"别人那样" / 214

"不凑合"的人生 / 219

目录 CONTENTS

第六辑

人生是自己的，
没有人能决定你的人生

生活是自己的，把自己还给自己 / 227

人生到底该怎么活？ / 231

其实，你不必太过用力 / 237

失去的，终将用最美好的未来去"逆袭" / 243

成功需要把握人生关键转折点 / 249

愿你遇见美好的人生，从此盔甲离身 / 254

第一辑

谁不是在半懵半懂中，一路折腾着走来

人生是一场独舞

　　每个人在不谙世事的那段时间里，都一度以为，只有以示弱的姿态示人，才是最好的自我保护。那种蜷缩起来害怕受伤的样子，就像是一株攀附在其他植物身上的菟丝花一样，牢牢地攀附着，仿佛紧紧地握住了幸福。

　　这种示弱的心态，真的像极了菟丝花的特质。在自然界，菟丝花，属于缠绕寄生，茎纤细，随处生有吸盘附在寄主上。

　　喜欢示弱的我们，就是这样一株菟丝花，带着弱小的身躯，寻找着可以保护我们的寄主。没有强大的内心不要紧，关键是要有随处滋生的吸盘，这是我们赖以生存的最有利的武器，只要看到一线依赖攀附的希望，就绝对不会放过，总要理所当然地张开柔弱的枝叶，紧紧地吸附到寄主身上，以为找到了生命中最强大的依靠！

　　可是，花会干枯，草会凋零，世间本就没有永恒不变的事物，当我们赖以生存的寄主突然有一天连自己都自身难保时，我们又当何去何从？难道，我们还准备用一辈子去寻找另一个连自己都不知道能依赖多久的宿主吗？在寻找中荒废的时光，到最后又有谁能来替我们买单？

三毛说："如果有来生，要做一棵树，站成永恒，没有悲伤的姿势。一半在尘土里安详，一半在风里飞扬；一半洒落荫凉，一半沐浴阳光。非常沉默、非常骄傲，从不依靠、从不寻找。"

从不依靠、从不寻找。才是最好的独立宣言！因为，每个人都有属于自己的人生，什么才是最适合自己的，没有人比自己更清楚，何必示弱、何必依赖呢？

一个90后的女孩说过一句话："靠父母，你是公主；靠亲人，你是孩子；靠朋友，你是弱智；靠敌人，你是俘虏；靠男人，你是乞丐……而靠自己，你就是女王。"

这话说得绝对霸气，绝对的"女汉子"。

梦美说，想想以往走过的路，不示弱有时也是被生活逼出来的一种习惯。

比如，小的时候，放学回家肚子饿了，爸爸妈妈工作忙不在家，于是只能自己慢慢尝试做一些吃的。一开始不会做别的，就先从煮泡面开始，慢慢地也可以做西红柿鸡蛋之类的简单的饭菜喂饱自己，最后变成了一个可以做一手好菜的女人。从此之后，再也不用依赖别人填饱肚子。

比如，上大学后，想买一件心仪的衣服，爸妈给的钱只够吃饭，又不好意思总是张嘴向家里要钱。于是会早上摸黑爬起来去给卖早点的小店打工两小时，一个月后攒下来的钱换来了自己心仪已久的衣服，慢慢到最后自立到连生活费都不用再张嘴向父母要了。

有了第一个男朋友之后，总以为自己找到了可以依靠的人，把对方当成生命中可以为自己遮风挡雨的大树，是自己最好的保护伞。可是后来才发现，其实每个人都是一个独立的个体，都有自己的工作方式和生活方式。无论两个人多么相爱，很多事情需要你自己来解决。于是慢慢学会不再示弱，不再寻求对方的保护，不再张嘴抱怨，不再喋喋不休地诉说自己的困境。

慢慢地，经过世事的不断磨炼，梦美学会在遇到问题的时候，尽量靠自己。

遇见第二个男朋友时，她已经知道爱虽然是两个人的事情，但是爱里的两个人都应该是独立的个体，谁都不应该依附于谁，更不应该牵制于谁。爱情是需要先做好自己，再去经营两个人之间的关系，这样的爱情才更加独立，更能长久。两个人在一起，需要相互温暖，可是到最后会发现，这个世界上没有哪个人会时时刻刻陪在自己的身边让自己依赖，总有疏忽的时候。所以等别人给予温暖，远不如自己温暖自己来的痛快。

于是学会，依赖和示弱之前，先温暖自己。

最痛彻心扉的那段日子，是在妈妈刚离开人世的时候，梦美不敢相信这是真的，如同世界末日般的绝望一度将她打入地狱，那一刻，她感觉头顶上的天突然轰隆一下坍塌了，这个她以为可以依靠一辈子的人，就这样撒手而去，不留下一点痕迹，梦美六神无主，不知道以后该怎么办。

有很长一段时间，她沉浸在失去亲人的痛苦中，世界一度变得灰暗，明天的路不知道往哪走，她失去了活下去的希望。可是无论生活多么艰难，日子还是要过下去，哭泣无法唤醒离去的人，没有人能与命运抗衡，痛苦不是解决问题的办法，痛过之后，人还是要站起来，面对现实，继续明天的路。

想到这里，梦美豁然开朗，擦去眼角最后一滴眼泪，她告诉自己，一定要坚强，微笑着走向未来的人生。

千帆过尽之后，梦美对自己有了更清楚的认识。以前的自己就像是一个需要人来照顾的小公主，遇到什么事情总是喜欢找别人帮忙。可是现在她知道自己不再是那个需要人来照顾的小女孩了，她慢慢地学会了独自面对一切问题，因为她知道没有谁能够让自己依赖一辈子，示弱不如自保，这才是活着的真理！

这个世界就像是一片浩瀚的海洋，涉世之初的我们，就像是一粒流沙一样淹没在人群中。人流汹涌，世事变迁，困境重重，置身其中时，有时会害怕、无助。这个时候的我们，像是在黑夜中忐忑前行的迷路者，四处观望，等待着可以给我们依靠和希望的灯光在黑暗中亮起。

　　可是到最后才发现，等待我们的只有两种结果，一是：这个世界没有人会永远当你的守护天使，也没有人会愿意永远等你。二是：我们依靠的人左右了我们的意志，改变了我们的人生，最后我们不仅失去了自己，也把属于自己的人生交给了别人去指导。

　　不要以为，示弱是最好的自我保护。人生是一场独舞，即使是双人舞，属于自己的舞步也需要自己去跳完。唯有这样，我们的人生才能真正属于我们自己。

做别人要求的自己，还是做自己喜欢的自己

女孩遇到了一个让她痛苦至极又难以抉择的问题，就是那道著名难题：妈妈和男朋友，究竟选哪一个？

事情的缘由是这样的：女孩和男朋友感情很好，从小青梅竹马，所以将来结婚厮守一辈子也是水到渠成的事。可是自从真正确立恋爱关系后，女孩的妈妈就一直反对，妈妈总觉得男孩虽然对自己和女儿都很好，但是经济条件不够理想，担心男孩将来无法让女儿过上她认为的好日子。所以妈妈坚决反对两人在一起。

而女孩的男朋友是个年轻气盛的人，他总觉得未来的丈母娘对自己不信任，语气神态里的傲慢，伤害了自己的自尊，一来二去，两人之间渐渐产生了矛盾，最后几乎到了水火不相容的地步。

女孩眼看谁都说服不了，还活生生地被夹在中间受气，两个人都认为她护着另一方不为自己着想。妈妈和男朋友水火不容，你不让我，我不让你，最后两人异口同声地问出了那道难题："要他没我，要我没她。"

女孩是个没有主见的人，一时之间不知道该怎么选择？

选择男友吧，对不起妈妈。妈妈是那个给自己生命的人，是难

以割舍的骨肉亲情。可是，如果为了妈妈而离开男朋友，这样既伤害了男友，也对不起自己的感情。这种左右为难的选择折磨得女孩简直要崩溃了。

　　做别人要求去做的自己，还是做自己想做的、自己喜欢做的自己，是一道难以抉择的问题。不谙世事时，我们大多会选择前者，总觉得只要对方高兴，自己可以选择妥协，以为妥协是解决问题的最好办法。其实事实并不是这样，就像故事中的女孩，如果不知道自己想要什么，一味地选择妥协，那么结局便是三个人都受伤害。

　　而阅尽无数世事之后，我们往往会选择做自己想做的自己，两种前后不同的选择，是成长中慢慢丰盈起来的内心的成熟。还回到故事中的女孩，如果她内心十分笃定，她会告诉妈妈，首先真爱是幸福的基础，而不是物质，错过了真正爱自己的人，再多的物质也填补不了内心的痛苦，相信妈妈为了女儿的幸福一定会理解并接受；然后她会告诉男友，妈妈所做的一切并不是针对他，而是为了让自己的女儿将来过得更好，只要他能理解做母亲的心，并不断去证明自己是那个能给她的女儿带来幸福的人，相信妈妈总有一天会放下偏见接受他的。

　　相信，这样一来，故事必定会有一个完美的结局。因为，做自己想要的自己，而不是别人要求去做的自己，就一定能抓住属于自己的幸福！

男孩大学毕业时，怀揣着满腔抱负开始了求职之路，本以为能如预期般顺利进入理想的公司。可是当他背着一大堆奖状和简历，满怀热情去叩开一家又一家公司的大门，换来的居然是一次又一次的闭门羹。最后，在梦想被消磨得所剩无几后，不得已的他只好到一家私营企业做了一名普通职员。

所谓的职员，其实就是勤杂工，干的是打印文件，扫地端茶倒水的杂活。他有个最大的特长就是说得一口流利的外语，但因为初来乍到，再加上公司内部人际关系复杂，好差事大家都你争我抢的，根本轮不着他。办公室需要收发快递，他被派了去；物流接送货需要帮忙，他被叫了走；领导接待客户需要倒茶水，他被喊了去。

总之，他每天看上去很忙，但没有一件能施展自己才能的工作。再加上他所在的单位根本用不上外语，所以他待在这里基本上没有用武之地。渐渐地，他突然发现自己处在了一个很尴尬的位置，领导不在意，同事看不起，他自己内心也不快乐。每天最开心的事情，就是站在十八层办公楼的玻璃窗，美慕地望着窗外飞翔的鸟儿，憧憬着自己有一天也可以飞起来。

很多朋友都奇怪他为什么不跳槽，他说，他不是不想，而是不敢想。他怕离开这份工作，自己连一份像样的工作都找不到了。

　　关键是，他怕自己一旦没有了工作，四处漂泊，女朋友会因此而离开他。长久以来，女朋友对他的工作就不是很满意，从起初找工作处处碰壁，他就没少看女朋友的冷脸。所以，他想虽然现在自己的工作乏味些，但下班后，回去能够看到女朋友的笑脸，再难他都能忍受着。

　　其实，这样的日子就算过下去，也不会圆满幸福。有一份工作，却并不是自己想要的工作，每天面对的是厌弃已久了的，发自内心想要逃离的生活，内心能够真正快乐起来吗？每天面对的是自己不喜欢的事，看不起自己的上司与同事，不得不去说一些违心的奉承话，做一些违心的客套事，谁的内心又能够真正快乐呢？

　　这样一个不能做自己的我，这样一个失去自我的我，这样一个不能享受自我的我，以为只要委曲求全取悦别人，就能够换来稳定的生活。于是，这样的一个我必定身心俱疲，生活剥夺了一颗年轻炙热之心的同时，还残忍地磨蚀了最初的梦想。这时候的我，不过是别人眼里的一步棋子，走对了，就证明了别人对我的要求和塑造是成功的；走错了，就只能证明自己是一根无法雕琢的朽木，辜负了别人的期待。

　　这样的我，无论结局如何，都是别人眼中的傀儡，这样的一个我，又怎么会给别人带去快乐呢？

所以，故事的结局：男孩在压抑的工作状态中脾气变得焦躁不安，女朋友也渐渐开始不满意男孩的现状，于是两人在无休止的争吵中分道扬镳。

显然，当我们学会向别人的要求妥协和投降时，最后不但无法取悦别人，更无法成全自己。而当我们试着挣脱这种束缚，做自己的主人时，心底才会燃起真正的快乐。

尽管这些快乐和幸福也许会像火柴划出的光芒，短暂而微弱，但在照亮自己的那一刻，也照亮了别人，不是吗？

习惯在别人眼中，寻找被肯定的自己

"你不喜欢我，我一点也不介意，我活着不是为了得到你的肯定，更不是为了活成你想要的样子。"这是一个女孩和男友分手时丢下的一句话，硬气而利落，听上去掷地有声，酣畅痛快。

我们似乎已经习惯通过别人口中的赞美和肯定，来衡量自己的价值。比如：小时候，父母的鼓励会让我们觉得自己是最棒的；在学校，老师的赞赏和成绩的优异会让我们觉得自己是最优秀的；工作后，领导和同事的肯定会让我们觉得自己是最能干的……别人眼中口中折射出的我们的样子，已经成了我们自我判断的主要依据。

"习惯在别人眼中寻找被肯定的自己"，羁绊了心灵的自由，我们压根忘记了自己想要什么，自己想成为什么样的人，仿佛没有了别人的肯定，我们就没有了价值。我们像是一个奴隶，像一个博他人一笑的小丑一样，拼命努力地表演着别人喜欢的自己，热切地希望在别人的认可里绽放自己的快乐：家人的期望，爱人的崇拜，朋友的欣赏，老板的赞许，舆论的表扬……我们像陷入漩涡一般拼命地旋转，这种感觉真的太累了。

可是我们有所不知，很多时候我们并不能控制别人的评价，做得再好也会有人不满意，我们并不能让每个人都满意自己。于是，当内心渴望的那些期望、欣赏、崇拜、赞许突然消失不见时，我们会感到沮丧。受制于别人，就得不到自己想要的幸福，这是每一个现代人不快乐的症结！

小楠觉得自己患上了严重的抑郁症，心情低落，甚至好多次都想到了自杀。踏进医院的心理咨询室，她声泪俱下地向医生哭诉着她的故事：

我快受不了了，为什么一定要活在别人的眼里？就因为别人的看法，我就必须委屈自己吗？我就必须要完成别人的期待吗？这样的生活，我已经忍到极限了。

从小到大，我似乎都在为了别人的期望而活，小时候，我照着父母的喜好去选择了自己的兴趣，即便是我心里并不喜欢他们替我选择，但是我还是选择了妥协。我的父母都是爱面子的人，一直都很在意外人的眼光，一旦看到身边朋友的孩子比我强，就拼命地逼我去超越他们，小时候的我，内心已经体会到了生活的无奈和压力。而且，父母还认为家里亲戚的观点是不可违背的，"别人的赞许就是最体面的事"，这是我从小形成的人生观。

渐渐的，我开始为别人而活着，放弃了自己的爱好和法律，放弃了他们认为不该坚持的事，麻木地过着自己并不喜欢的生活。在他们眼里，我慢慢变得郁郁寡欢，变得孤僻，变得陌生。可是他们却不了解，郁郁寡欢是因为我对那些他们认为正确的东西提不起一点儿兴趣；变得孤僻是因为内心孤独；变得陌生是因为我不知道该如何和他们沟通。

就这样，努力实现他们的愿望变成了我的全部，似乎不用尽全力为他们所认可的目标活着就会受到良心的责备，我渐渐在意起他们的看法，不敢表达自己真正的心声。

现在，我身边的一切没有一样是我真心喜欢的，有时候会觉得自己活得很可悲，但我更怕见到他们失望不悦的神情，所以我只能拼命地把苦水往肚子里咽，直到把所有的痛苦消化为止。

我真的很想为自己勇敢地活一次，选择自己想要的幸福，哪怕一次也好，现在一切都太迟了。如果人生可以重来一次，我会从一开始就做一个坚持自我的人，狠下心决不妥协，不在意别人的眼光痛快地活一次……

活在别人的意愿里，却失去了自己的幸福，这并不是我们想要的生活不是吗？

一位画家做过这样一个测试：他先找了一个人对他的作品做了一个评价，结果被贬斥得一无是处；后来，他又找了另一个人来评价他的作品，结果被夸完美无瑕。他恍然明白一个道理：十个人眼里会有十个不同的你，有人欣赏你，当然也会有人排斥你。安心画好自己的画就好。

女孩是一个演员，和所有从事演艺工作的人一样，经常会在媒体上看到一些关于自己的报道，她说每当看到别人隔岸观火地评价自己的时候，她都会觉得特别可笑，自己是个什么样的人，应该怎么活，只有自己知道，别人的评价，真的与自己无关。

她说，在这个圈子里做了这么久，自己看自己和别人看自己是完全不同的。我认为自己是这样的人，别人认为我是那样的人；我认为自己做这件事情是对的，别人认为我做这件事是错的。

其实，刚开始时她也习惯了在别人眼中寻找被肯定的自己。她也有不被理解和认可的委屈，也曾经因为害怕不能迎合别人的眼光而畏首畏尾、举足不前。

在她刚毕业的第一次表演中，在拿捏某个角色该如何诠释的时候遇到了困难，虽然她对导演设置的场景表演安排有一些异议，但又觉得自己是个新人，贸然提出自己的想法，别人会不会对自己有看法。所以后来在表演过程中，内心感觉不安，动作和表情显得很生硬。导演把她叫到一边，问她原因，她试探性地说出了自己对这段表演的感悟，导演笑着说："你的想法非常好，为什么刚才不提出来？"她说担心自己的拙见，让导演觉得这个新人太自以为是。导演拍着她的肩膀说："你在表演过程中完全可以轻松地表达你想要表达的自己，不用在乎别人的眼光，也不需要别人的肯定，你只需要自己的肯定，这样你的表演才能够绝对自信。"

是啊，自我肯定，才能真正自信起来。不要在意别人的看法，自我肯定才是最重要的，与其在意别人对自己的看法，不如自己先看明白自己。

当"习惯在别人眼里，寻找被肯定的自己"时，其实，在无意间我们已经把自己当成了别人的"傀儡"。别人的一言一行、一颦一笑，左右着我们的喜怒哀乐，我们活得没有了自己，我们活得委曲求全，我们活得畏首畏尾……

我们的价值，不需要等待别人来肯定，我们的生活，也不需要等待别人来安排。明白自己想要什么，肯定自己要做的每一件事和每一个决定，我们就能活得像我们自己了！

没有自我参与的人生，都是"二手的"

所有的过来人都明白，没有自我参与的人生，就像一辆二手车，永远都是别人开过的。而那些自我参与过的人生，就像是一匹被自己精心驯服的野马，不但驾驭起来得心应手，而且日行千里且不费吹灰之力。

因为，在自我参与的人生里，我们路过"容易"和"艰难"两个路牌的十字路口，经过艰难的选择后，我们站在了"艰难"那一边，于是，懂得了什么是坚持。更懂得了，这一生的折腾为的不是成功，而是经历过的生命的印记。这生命的印记，是我们的"专利"，更是我们的资本。所以，我们的人生，想的多远，就能走多远！

看过一段话：按自己想要的方式生活不叫自私，要求别人按照自己喜欢的方式生活才叫自私。很多时候，人们会把自我归结为自私，可人生是自己的，按照自己喜欢的方式去生活，没有妨碍和影响到别人，这不是自私，而是一种敢于坚持自己的勇气。反过来，当我们遵照别人的期望去过自己的人生，但这段人生后来走得不如意时，内心便会被悔不当初的抱怨所吞噬。

当初，我们做出某些决定的时候，经常会这样问自己："我这样做，有没有考虑过别人的感受？"说真的，在考虑自己和别人的感受时，我们的确左右为难。本想随心做自己想做的事，可是如果坚持走这条路，有可能会让一些关心我的人因为我的选择而伤心难过，而违心不去走这条路，自己又会因为错失梦想而懊恼。

我们都没有分身术，很多事不能两全，所以选择注定是艰难的。有的人可能更多地是考虑自己心之所向，比如，选择什么专业、做什么工作、爱情婚姻和家庭，会按部就班地按照自己的意愿去完成。而有的人，为了别人的期许却不得不背离内心的真实愿望，选择了自己本不愿意走的路。

毕业的时候，他也像很多学生一样，在考研与参加工作之间纠结。爸爸希望他马上参加工作，而他自己却想考研，所以一时之间，他不知道该如何选择，考研吧，他又不愿意惹爸爸生气，参加工作吧，自己又心不甘情不愿的。

那天，应邀到大学教授家里聚餐，席间他和教授说起了自己关于考研和工作的艰难抉择。教授对他说："不管是你的家人还是老师，我们所说的只是个人的建议，我们只能结合自己的人生经验，告诉你不同的选择对你的人生可能会产生的影响，但是我并不强求你必须听我的，我只要你听从自己的心，选你真正想走的那条路。"

教授一语惊醒梦中人，于是他把两条路摆在自己面前，认真地思量之后发现：长久以来，自己之所以想考研不过是内心对高学历的虚荣和对工作的逃避，而并不是真的想要继续深造，当逃避成为一种习惯后，懦弱也会成为性格中致命的弱点，我不愿自己变成一个没有担当的人。

细细斟酌后，他最终选择了工作，这是他自己的决定，没有任何人的强迫或者期望。

很多人，为了一些迫不得已的原因，比如，家人的期望、残酷的现实和所谓的责任，选择放弃自己的追求、梦想，甚至爱情。可是，他们忘了，生活是自己的，当一个人连自己的初心都没有能力坚持时，还有什么能力给予别人幸福。那些他们以为可以给予别人安慰的心态，其实是一种懦弱，他们用自己的梦想和爱情换来的，可能只是一个糟糕的人生。

人生太过短暂，一次妥协也许错过的就是一生。我们以为牺牲了自己的快乐可以成全别人的快乐，可等将来自己后悔的时候，谁能为我们的后悔买单？谁能让我们的人生重来？更何况，每一段牺牲的背后都有可能埋藏着或深或浅的抱怨，最后反而是伤己也伤人！

一位中学老师说，他带的班级，升学率总是最高的。这归功于他独特的教学风格，他从来不要求学生一定要认真学习，或者努力做功课等等。他的理由很简单"高考是他们自己的，需要他们自己对待和参与"。他说其实这种"不强求学生必须听老师的安排"的教育方式特别好，这样学生就会慢慢明白："主动努力是为了自己，而不是家长和老师，不努力毁了的是自己，不是别人。"这个道理看似简单，其实很深奥。

一个男孩，总是处在和父母的对抗情绪中，他觉得父母不看好他的能力，所以他经常在人生步入低谷的时候说："你们说我没出息，我就没出息给你们看。"这个逻辑实在没有道理。当然还有一些人的观点也存在误区，"我爸妈不认可我，但我就要努力做好给他们看"，其实，你的人生是你自己的，不是父母的，你的人生如何来过，完全是你自己的事情。

现实生活中不乏这样的实例，人生是自己，没有自我参与的人生，注定是苍白空洞的。因为，没有人能对我们的人生负责，那些打着为我们好的旗号，帮我们做决定的人，并不能代替我们去经历属于我们自己的人生。这一生过得好还是不好，只有自己最清楚。

那么，这一生，请为自己的生活做一回主吧！

你的一生，无人托付，无人替代

法国作家马克·李维在小说《偷影子的人》里说过这样一段话："你不能干涉别人的人生，就算是为了对方好。这是他的人生，只有他一个人能决定他的人生。你必须顺应事实，放手成长，你没有必要医治好在成长路上与你擦肩而过的每个人，即使你成为最顶尖的医生，也做不到这样。"

那个帮别人做决定的人，高估了自己的能力；而那个把自己托付给别人的人，低估了自己的能力。一高一低间的不平衡，本身就是一触即发的矛盾。

因为他们都忽略了一个道理：每个人的一生，专属于自己，无可托付，无可替代！

她是一个颇有主见的女孩，她的人生智慧很简单：生活是自己成全自己，无人可托付，无人可替代。她认为人生就应该掌握在自己的手里，别人无权干涉。

在每一次重大的人生抉择面前，她都会问自己：可以听取别人的意见，但最后是不是应该试着自己决定人生？

　　记得从小到大，无数次听到人们对自己说："你应该这样……你不应该那样……""我替你决定是为你好。"家人也曾经告诉自己，听取接纳别人的意见，这是对别人的尊重。于是每次听到那些不同的意见时，她都会极不情愿地先把自己的真实心声藏起来，然后硬着头皮听着别人的意见去做……但后来慢慢发现，那些别人认为对的事情，并不是自己想要的。

　　她无数次问自己，在被别人操控的模式里去活成别人想要的样子，那个我，是我自己想要的我吗？再后来她慢慢学会了一种聪明的抉择方式：在不同的意见和声音中，找到那个最符合自己的选择，这样，在尊重别人的同时，也不丢失自己。

　　所以，很多时候，她认定了一件事就会全力以赴，就会付诸实施，而且从来不会因为害怕犯错而犹豫不决，每一次决定的背后都有出错的风险，没有错误又怎么会知道正确的路在哪里呢？

　　所以，她的个性注定了她的人生。

　　朋友说，她一直以来就是大家眼里的人生赢家。成绩优秀，人缘又好，而且一向都是自己的事情自己说了算，从来不会因为其他人的意见，而改变自己的人生爱好和追求。其实她很清楚，这世界上根本就没有真正的人生赢家，只不过自己多了一份敢于为自己的想法努力的勇气。

　　女孩说，比起用其他方式努力过来的人，走自己想走的路，决定自己想要的人生，的确是幸运了很多。当然，仅仅敢于坚持自我还远远不够，生活的每一步，走起来并不是容易的事。有些时候，在人生的某个转折处，当我们深思熟虑做出艰难抉择之后，也许事情最后发展得并不如人意。但是，当我们认定了一个目标，然后不顾一切地朝着它靠近，就会有一种难以言喻的成就感。

比如，换工作这件事。对于做室内设计师的女孩来说，想要找一家适合自己的艺术创作公司，这样的诉求再正常不过了。所以，女孩觉得只要没碰到合适的，她会一直坚持选择适合自己的公司。没办法，人生的路这么长，总会遇到分岔，不如就一直寻找下去。

在一个行业里待久了，走过很多弯路，目标也越来越明确。即使为目标付出代价，也是值得的。因为，没有代价的自我坚持，怎么能叫梦想呢？

最后，女孩选择了完全地忠于自己，她不再频繁地换工作了。那一天，她迎来了自己工作室的创立。工作室的名字叫"新锐室内设计"，工作室一共只有六个人。她们第一件重要的事情，就是承接一个老客户的大型室内装饰工作。六个人中间，只有女孩有全程参与室内设计的经验。而其他工作人员，基本都没有正式参加过设计的工作。

每每想到这里，女孩都会捏一把汗。工作刚刚开展，所有的人都绷紧了神经，每个人都无形中成了工作狂。好在大家配合的还算默契，每个人都有不同的灵感，那些灵感凑在一起就是破壳后的大爆发。所以，在这非常重要的第一份设计项目中，女孩却做出了重新返工的决定，员工哗然。

突然做出这样的决定，等于是让别人的全部努力都付诸东流，这样的事情没有人会同意。在马上要交设计成果的时候推倒重建，谁能接受？女孩非常清楚当时的情况，但心理上却始终不能说服自己妥协。

如果从员工的付出考虑，坚持原来的设计方案，其实也还说得过去，客户也不会有什么异议。可是这样的设计，却和女孩一直坚持想要设计的东西有所差异。女孩知道百分百的完美虽不存在，但如果有更好的结果，却退而求其次，她无法说服自己。

于是女孩第一次倔强地请工作人员理解她。他们一开始不同意，但最后还是被她说服了。因为他们也知道，一个完美的设计结果对大家都有好处。合格不是大家的目标，一切做到最好，让客户满意，得到高回报，才是大家奋斗的目标。

所以当最后这项大型室内设计工作完美交工后，当女孩看着这个无与伦比的设计杰作出来时，她和她的伙伴们欢呼着抱在一起。女孩知道，她现在已经无限接近自己的想法，这一点是她最满意的地方。

女孩说，她不喜欢对别人指手画脚，也不喜欢别人对自己指手画脚，因为她认为那些从未参与自己人生的人，没有资格对她的人生评头论足。

女孩的设计室运行至今，遇到过很多棘手的事，她和工作人员解决不了的事也不少。但是女孩觉得这样的工作才有挑战性，能够锻炼人。在挑战和磨砺的过程中，自己多了一份责任感，她成长的很快，懂得了独立和担当！

虽然以后还有弯路会走，有困难要克服，但是，收获也会更多，成长也会更迅速。

关键是，在女孩看来，无论是什么，都阻挡不了她对"我说了算"的坚持。她喜欢自己的人生自己掌握。

没错，我们的人生不可托付，也无人替代，所以，从能决定自己人生的那一刻起，就要告诉自己，请带着自己想要的生活和想实现的梦想上路吧！

因为，路，无论好与坏，都是自己的事情，无关他人！

不要让孱弱无助，成为逃避现实的借口

一个男孩说，有一段时间，他的生活总是出问题，于是他给自己放了一个长假，与其说是"放假"，不如说是"逃避"来得更恰当一点。那时候的他，内心总觉得自己孱弱无助，一无是处的自卑感让他像蜗牛一般缩在自己的壳里，不肯探出头来。

而每次的逃避之后却不得不回到现实，这是他最害怕的东西。

现实是残酷的，走不出来又逃不开，其实，我们完全没必要强迫自己必须去做什么，人生很多事情都无法预知，有些事情的发生会让我们始料未及。面对每一件可能出现在生活中的事情，与其不知所措，不如冷静面对，问问自己想要什么。

很多人在遇到猝不及防出现的棘手问题时，都会第一时间迫不及待地寻求别人的意见和帮助，其实，别人的意见，只是别人站在自己的立场看待问题后提出的方法，这种方法并不一定适合自己。而且，别人的意见也只是对方站在自己的立场对你的评断，而不是站在你的立场。

三毛说过："独立的人生，从不依赖，从不寻找。"所以，那些真正能把握自己人生的人，他们在遇到问题时，先找的那个人，

是自己。

　　与其渴望他人的安慰和帮助，不如自己做自己的朋友。生命里的每一次风雨总要自己度过，自己开导自己，自己帮助自己，自己治愈自己，自己给自己方向和方法，这不是自负，也不是孤僻，只是觉得与其寻求别人的给予，不如自己给予自己。

　　所以，一个真正活明白的人，不会因为不知道怎么面对，而选择被迫依靠，或者逃避。

　　只有伤过哭过，才能明白自己；只有经历痛楚，才能领悟成长。而这一切，也只有自我参与才能深谙其中。

　　她曾经也有过一段美好的童年，像其他孩子一样，无忧无虑。

　　可是这样美好的日子却在她八岁时的一个明朗的早晨，被打破了。那天她像往常一样，在教室里上完课后和同学们嬉笑着朝门外跑去，可不知怎么却突然倒地不起。焦急的父母带着她四处寻医，最后被诊断为，因神经肌肉传递障碍所致的肌无力症。

　　慢慢地，她的胳膊也开始丧失了知觉，浑身无力，连日常生活都成了问题。童年时许多生活场景，她都清晰记得，那个时候的她大部分的时间都是在床上度过的。每当听到窗外孩子们叽叽喳喳地成群结队背着书包上学校的声音，她总是按捺不住心中的渴望，含着眼泪对妈妈说："妈妈，我想上学！"可是因为身体状况，她知道自己不能像那些健康的孩子一样去上学。

　　对一个孩子来说，病痛的折磨是难以忍受的。那时的她，自卑消极，孱弱无助，怨恨命运，质疑一切，差一点就亲手毁了自己。身心被无助迷茫缠绕，如作茧自缚，又如层层蛛网，一点点把自己的内心世界囚禁，走不出去。虽然明知不应该以这种生活方式来自我摧残，却又不知道自己应该怎么做。每天醒来总觉得这一切像是一场噩梦，总幻想着噩梦过去之后，一切能够幸福如常。

　　每当疼痛感袭来时，她曾经想过以结束生命的方式来逃避痛苦，但是当看到妈妈悲伤的眼神时，懂事的她最后还是选择了坚强地活下去。她告诉自己：不要让孱弱无助，成为逃避现实的借口，逃避不能解决问题，唯有面对才是最强大的力量。所以，坚强的她收起眼泪，疼得实在厉害时，为了分散注意力，她就拼命掐自己的腿，试图用一种疼痛来代替另外一种疼痛。她的腿经常青一块紫一块，那是她一路挣扎着走过来、坚韧生命的痕迹！

　　当年，医生们断言，这种疾病，一般很难活过二十岁。

　　所有的悲伤、无助、绝望、委屈、疼痛、迷茫，最后还是自己一个人咬着牙，一步一步走了过来，走到了二十五岁的现在。

　　每每和朋友聊到童年时那段痛苦的经历，她都会笑着说一句"都过去了"，其中的细枝末节她从不愿和人提起。那段曾经以为挺不过来的、灰暗的童年，让她小小年纪就已经学会了坚强和隐忍。

以至于在后来漫漫成长路上经历的事情无论再艰难，她都能轻松地笑着去面对。现在，她偶尔会和要好的朋友聊到那些过去的经历，而每次都像是在讲别人的故事，那么轻松、坦然。

她说，当你发现有一天，那些曾经让你痛不欲生的事你可以笑着说出来时，也就真的明白了成长的意义。

生活中，总有那么一段时光，让我们痛苦并迷茫着。一步步走过来，谁不曾绝望过，谁又不曾以为人生将从此一片黑暗，再也看不到阳光灿烂……其实，每个人的成长都是一样的，生命的成熟和蜕变，都要经历一段时期的蛰伏，谁的成长不曾与泪水相伴？谁的成长不曾孤独无助？谁的成长又不曾布满乌云？

也许，那个大大咧咧的他，有着不为人知的过去；也许，那个如今总是挂满微笑的少年，曾经在多少个夜晚蜷缩在角落里一个人孤单迷茫。每一个坚强独立的现在，都有一段迷茫无助的过去；每一个美好而平静的现在，都有一段悲伤而不安的曾经。

就像一个人在总结自己的过去时说过：曾经，我以为逃避是解决问题的最好办法，从小，我就喜欢用逃避来抵触我不愿意看到的任何事情，我也习惯了逃避，我甚至会想，倘若生活出现了什么意外，我就逃得远远的，逃到谁也不认识我，谁也找不到我的地方，这样可以彻底忘记。但现在的我，终于明白，现实永远逃不开，面对才是解决问题的唯一出路。

　　是的，无论曾经多么迷茫和痛苦，冲破阴霾，便是春暖花开。

　　因为，成长始终是一件需要独立面对的事情，无人可以代替。

把梦想留给自己，把未来交给时光

还记得读书的时候，父母总是这样对我们说："你只管努力学习，做好现在该做的事情，至于以后如何，你什么都不用管，把未来交给时光就好。"

没错，谁都无法预知未来，只能做好现在，抓住此刻的梦想，把握当下的机会，未来自会精彩……

所以，每一个此刻，都是未来的凝结，此刻的每一个决定，都有可能改变未来的走向。很多人不幸福的原因，就是在此刻的选择中犹豫，在犹豫的选择后担心，在担心的日子里哀怨。

那么，我们现在要做的就是：把梦想留给现在的自己，然后把幸福留给未来的时光。只有这样，现在的你才不会纠结，未来你的才不会抱怨！

当然，做自己想要做的事，可能会碰到很多烦恼，比如，他人的否定，各种质疑的声音，自己内心的犹豫等等，都会如蛛网般纠缠着在心头不断翻腾。这个时候，我们可能也会问自己：这条路是否能够走下去？是否是正确的？万一失败了怎么办？谁来为我的未来买单？

当这些问题赤裸裸地摆在眼前，也许我们的内心会感到孤立无助。每个人都有独特的个性，自己的爱好，自己的生活，自己想要完成的梦想，这样的一条路注定是孤独的。走在这条路上，不光需要一颗强大的内心，更要有说走就走，说做就做的胆量，不管别人说什么，都要坚定走下去。

为自己，做你认为正确的事情，别因孤身上路，而依赖别人的帮助。喜欢独自行走，本身就是一个人应该习惯的生活方式，别让他人阻挡了你的脚步，让你不能做你想做的自己。

叶紫是一个敢为了梦想豁出去的女孩，一直在为考研不懈努力的她，终于收到了梦寐以求的法学院的录取通知书，本以为幸福来临之际会大哭一场，相反，那一刻的她却异常平静。那张录取通知书，可以说是欣喜之外，也是预料之中。

考研成功，不是她比别人准备的充分，比别人更努力，也谈不上什么考研经验。只是因为她更清楚自己想要什么。决定考研是在大学毕业的前一年，她的本科专业是中文，考研的专业是法律。听到她考研的决定后，身边的亲人朋友都持反对意见，认为她选择这么大的专业跨度，是在自寻死路。但是叶紫认为，把握此刻的梦想才是关键，至于未来如何就交给时间。对于不清楚自己梦想的人来说，超越正常思维的选择是在寻死，对于坚定梦想的人来说是在寻梦。叶紫的梦想是做一名律师，三年前发现心头萌生的这个梦想时，当时看来还是那么遥不可及，但一旦知道了自己的目的地，如何走下去也就慢慢变得清晰起来。

大四那年，叶紫面临着很多的选择和诱惑，有一家不错的公司看上了她的才华，爸爸也在张罗着她出国学习的事情。如果不清楚目的地就开始选择的话，很有可能迷路。叶紫知道，其实不论是工作还是出国，所有的选项里都没有关于未来会如何的答案，只有自己清楚哪个是自己最想要的选项，知道了现在的梦想，答案也就自然在眼前。

在叶紫看来，面对梦想"傻"的态度是一定要有的。所以三年前才敢不自量力的决定以后要做大律师。其实梦想没那么遥不可及，也没那么可怕，很多时候被梦想吓到的，不是距离感，而是自己，很多时候面对自己喜欢的事情，人们总是会对自己说"我行吗？可能吗？算了吧！"，而这些在叶紫身上却看不到，叶紫认为想要做的事情，就没有不可能，如果确定了想要走下去的路，就一定会坚持，终有一天自己会因为梦想而变得了不起。

说到寻梦的经验，叶紫觉得其实并不是每个人都知道自己的梦想是什么，一个人能清楚地知道自己喜欢什么并不是那么简单的事，尤其是在年少时。她也是上了大学之后才知道自己喜欢什么，关键是要清楚自己适合什么，什么样的生活方式才能让自己有更多的幸福感，越清楚这两个问题就越知道自己想要什么。带着这两个问题去生活，总有一天生活会给我们答案。面对喜欢的事情，叶紫认为如果不知道适不适合自己，那就不妨问问自己："这辈子不做会不会后悔？"如果会，那就放胆地去追求，每个人都会死，但不是每个人都能真正活过，就这一次，为自己疯狂！

有人说，没有抛弃人的梦想，只有抛弃梦想的人。

把梦想留给自己，把未来交给时光。想要过自己的生活，就别畏首畏尾，失败了一次，还有很多的机会，总有一次会成功，但梦想遗落了，就没那么容易找回来。我们的青春之所以犯二，不是想要的梦想容易夭折，而是梦想还健在，我们却夭折了，好不容易可以在青春留住的东西，别那么容易放弃。

在《老男孩》里有这样一句话："梦想这东西和经典一样，时间越久越显珍贵"，年轻时若能够按着自己想要的生活轨迹走下去，梦想自然成就了现实。而年轻时在梦想面前的失手，却会变成未来永远的痛，当有一天回忆当年，因为自己的不敢坚持而失去了生命中最重要的东西时，只有"再也回不去"的遗憾了。

所以，内心认定想要做的事情，就勇敢去做，只为我们自己。

因为，当我们对自己处于完全了解的状态时，就没人可以动摇我们了。

那么，就把过去的事，交给岁月去处理；未来的事，留给时间去证明吧。

所谓强大，就是流着眼泪笑着说

生活中，总会有那么一些让我们伤感的事情，心情不由地处于低落中，感叹人生为什么会有如此多的出乎意料。这些让我们猝不及防的痛苦，当时总觉得是如此的刻骨铭心，好像真的就过不去了。

心一直脆弱着，敏感着，忧伤着，纠结着，矛盾着……

那些日子里，每天早晨睁开眼睛，总感觉像是做了一场噩梦，似乎一切都会在梦醒时烟消云散，一切都会有一个新的开始，痛苦似乎已经过去。可是不久之后，记忆又把我们拉入不安和恐慌中，我们常常问自己："为什么？为什么这种事发生在了我的身上，为什么命运使我如此痛苦。"

可是，那些失去、那些错误、那些伤害已经过去，任凭我们如何挣扎，岁月都不会给我们更改的机会。无论多么懊悔，都无法改变既定的事实，多希望那个时候的自己，能成熟一点，考虑问题周全一点，也许就不会有今天这样蚀骨的追悔，可是过去的任何选择都已成为过去，谁都没有能力重回过去的岁月修改自己的人生。

那么，当一切已成定局的时候，不如干脆随遇而安，潇洒地甩甩头对自己说：既然别无选择，何不走下去，也许硬着头皮闯过去，反倒成就了另一种更美的人生！

那些让我们流泪的事，总有一天会笑着说出来。

那一年，小雯离婚了。老公走了，带着他自以为美好的、无人理解的梦想，离开了那个他曾经壮志满怀、却郁郁不得志的单位，同时，也离开了只有两岁的女儿，和这个小雯苦心经营了三年的家，踏上了他漫长地寻梦路。

悲伤、委屈、不舍、迷茫、困惑，突然一起涌上了小雯的心头，哭泣成了唯一的发泄途径，那段时间，她似乎流尽了一生的眼泪。每天把自己关在家里，不见人不出门，好像只有这种决裂的表达，才是对痛苦现实最强有力的对抗。

突然，女儿那声稚嫩的"妈妈"把她从悲伤中拖回了现实。看着年幼的女儿，她抹去滑过眼角的泪滴，微笑着告诉自己，为了孩子，自己必须强大起来，

于是，在漫长的岁月里，小雯又当爹又当妈，女儿成了她生活的全部，为了女儿，她必须坚强，因为她知道自己就是女儿的榜样，她的脸上阳光灿烂，女儿的心里才是晴天。她也是女儿的天，她璀璨了，女儿才能温暖成长。这就是生活，不管前面的路怎样，自己必须坦然接受，即使流着眼泪也要笑着走下去。

一次，三岁的女儿突然问小雯："妈妈，爸爸去哪里了？为什么

不在我们的身边？爸爸不爱我了吗？别人的小朋友都有爸爸，为什么我没有爸爸？"小雯抱着女儿说："爸爸在很远的地方出差，等爸爸不忙了，一定会来看我们的。"，"妈妈，为什么别的小朋友的爸爸出差很快就回来了，爸爸怎么一直都没有回来过？是不是爸爸觉得我不听话，不喜欢我？"小雯的心一阵刺痛，不知如何回答女儿。

　　每当女儿生病时，小雯抱着高烧不退的女儿去医院的时候，眼泪还是不听话地流了下来。每当周末一个人带着女儿去游乐园的时候，看着周围幸福的一家三口，小雯内心还是会涌上一种难以言喻的悲伤。每当一个人去接送女儿上学放学的时候，每当看到女儿因为没有父亲的陪伴，变得无比脆弱和胆小时，小雯的心就会隐隐作痛。

　　很多次，在无数个噩梦里，她觉得自己就是一艘孤独的小舟，在波涛汹涌的茫茫大海中，迷失方向，找不到彼岸，她大声呼喊，却没有任何回应……那段时间，眼泪擦干了又流，小雯的日子过得困惑而迷茫。

　　很多年过去了，女儿也渐渐长大了。再和朋友们谈起自己刚离婚时的各种处境，小雯早已没有了当年的悲痛，她像是在述说别人的故事，那样坦然。她说正是因为有了那段过往的伤，才有了现在的自己。

　　那个时候的自己不断流泪，又不断擦干眼泪继续生活。忽然有一天，她发现自己就算流泪，也可以笑着走下去……直到现在，可以强大到，无论遇到什么事情，都可以流着眼泪笑着说。

是啊，谁的成长不是千回百转之后，成熟到可以流着眼泪笑着说，说着自己的故事，就像在说着别人的故事一样。

人生，总有些风景，在过去的旅途中，渐渐地留在了身后；也总有些故事，在渐行渐远中，定格为曾经。

每个人心中都有一段心伤，一段难以释怀的过往，痛过了以后，便懂得了笑着说出来。时间的流逝，不断抹掉了记忆中的痕迹。曾经走不出的往事，那些镌刻着某些记忆，某个人，某一段曾经的往事，有一天在转身的瞬间，忽然就沉淀在了心底，变成了曾经。那些过不去的，终有一天会过去；那些以为无法忘记的，终有一天也会慢慢忘记。

终有一天我们会明白，爱上一个人，有时候一开始就注定是个劫。

终有一天我们会明白，那件让人痛哭流涕的事，将来会变得微不足道。

终有一天我们会明白，错过一班公交可以等下一班，错过一个人可以邂逅另一个人，错过一次机会可以拥有更多机会。

终有一天我们会明白，感情可以让人变完整，感情也可以让一个人支离破碎。

　　终有一天我们会明白，没有过不去的今天，没有到不了的明天。

　　正如张小娴所说：终有一天我们会明白，什么事情都会过去，我们就是这样活过来的。

第二辑

只有回不去的昨天，没有到不了的明天

选择好今天，未来就没有后悔的昨天

　　很多时候，我们可能会假设着，假如在以前的某个片刻，自己做的是另外一个决定，现在的人生会不会更加美好？想起这些，心头不由自主地还是会生出或多或少的唏嘘和后悔吧。

　　可能是想着当初青春年少时纯真美好的感情，错失了表白的勇气；也可能是想着曾经在填写高考志愿时，放弃了可望而不可即的专业；也可能是想着事业的交叉路口决定向左走和向右走时，惶惶而退的怯懦；也可能是人生某一时刻本该把握的幸福，眼睁睁地被自己的没主见毁掉；还可能是对某一个不经意来到身边的惊喜，却因为犹豫而错失……

　　一个对自己曾经的决定颇感后悔的女孩说：这样的片段总是会在我的人生中出现，我总是在想，假如我在某年某月某日甚至某时某刻做的是另一个决定，那个决定里走过来的我，会不会比现在的我过得更好？尤其是曾经的选择是迫不得已的，但又不得不硬着头皮走到现在，现在的人生满是失意。于是在某些时刻，我会把现在和另一种选择后的结果进行比较。

　　是的，我们总希望能够抛开现在，然后回到过去更改某一个决定，把现在过成自己想要的样子。

这样的美事当然只是一个美梦，梦醒时分，"再也回不去"的悔恨一度让我们泪流满面，擦干眼泪整理好心情后，终于豁然开朗：决定好今天，就没有后悔的昨天。

关于当下的选择，可以透过下面这段有趣的问答来解析：

如果发现身后有人跟踪你，你是跑还是不跑？

当然跑。

如果你跑到一座房子前，只有一扇门，你是进去还是不进去？

当然进去。

如果你进去了发现里面有一条暗道，暗道里堆满垃圾，但追你的人马上就要进来，危险之际，你是跳还是不跳？

当然跳。

最后追你的人没有找到你，败兴而归时，你的心里怎么想？你是在想，天哪，这里好臭啊，当初不进来该多好啊。还是在想，虽然臭，但这是我自己想要的结果，管别人怎么看。

倒退一万步，回到你被追杀的地点，你还跑不跑？你还进不进去？你跳不跳？你一定会选择你的第一反应，对不对？因为这是你现在此时此刻最想要的选择。

这个有趣的问答告诉我们：你只要在当时、在需要做决定的时刻，选择你最想要的选择，不要刻意预知未来的种种可能和结果，不要迟疑在对未来各种风险的规避上，你只要在第一时间，决定好你今天想要做什么，然后义无反顾地去做就可以了。

不要以为自己能预知明天，明天会发生什么谁都不知道，我们只需要选择和决定好今天想要做的事情，未来就没有后悔的昨天。

一个从小学唱歌的女孩决定考取正规音乐学院，并决定将歌唱作为自己的终生职业。

可是她不确定自己是否真的具备这个天分。于是，她特意找到一位颇有建树的音乐家。

女孩说："我这辈子最大的梦想就是做一名歌唱家，但我不确定自己是不是有这个天分。"

"你先清唱一段我听听吧。"音乐家说。没唱几句之后，音乐家打断了女孩，不耐烦地说："你还是别唱了，你这个条件根本不适合做音乐，别给自己找麻烦了，放弃吧。"

女孩心灰意冷，一度发誓不再唱歌。后来本打算返回故乡结婚的她，在准备踏上火车的那一刻，突然脑子里闪过了一个念头："如果我今天做出了放弃的选择，以后一定会后悔的，为了让自己未来不活在后悔里，我一定要坚持此刻最想要的梦想。"

在这个念头的支撑下，经过几年的刻苦学习，她终于考上了全市最好的音乐学院。

多年后，她已经是小有名气的唱歌家。一天去歌舞团演出，无意中碰到了当年的那位音乐家。音乐家看到她的第一句话就是："没想到你真的做了你最想做的事情。"女孩说："有一点我始终不明白，当年您为什么觉得我没有音乐天分呢？"

"哦，我一向很严厉，我对所有的都是这样说的。""不会吧？"女孩叫道，"你的那句话差点毁了我的一生！"

"哦，不，"歌唱家说，"如果你真的想要做一件事，就不要听别人怎么说，只管去做，这不，你最后还不是选择了你最想要的人生吗？"

对，管别人怎么说，我们只要选择自己想要的人生，就够了。

我们活在一个选择的时代，选择生活、选择学校、选择工作、选择伴侣、选择家庭、选择生育……人生的路，选择权属于自己，不要将自己的选择权交给别人。靠自己一步步走下去，真正能保护我们的，是我们自己的选择。那么反过来，真正能伤害我们的，是自己犹豫的选择，还有"把选择权交给别人"的选择。

我们今天的选择，将意味着，我们明天将过着什么样的生活。

一生当中，我们有太多的选择，摆在眼前的有无数种可能，往往在选择过程中，我们总是因为害怕选择带来的未知结果，最终偏离了要追求的方向，导致一生都未能看到自己想要的生活。这些迷茫、困惑、迟疑、担忧，最终在十字路口变成尘埃，把我们的一生覆盖在未来追悔不已的深渊中……

　　所以，现在我们要理清自己的头绪，来看一看：截止到今天，你的梦想、你的需要，你的幸福、你的快乐、你想要的生活、你所感兴趣的事，拿一张纸把它一一记录下来，然后再看，今天干扰你选择的顾虑是什么？如果你选择了，最终的结果是什么？过去你为什么没有选择？过去妨碍你的是什么？当你在纸上清晰写完后，你会豁然发现，原来阻碍你的东西就摆在你的面前，那就是：

　　对选择后果的害怕、对明天没必要的担忧，阻碍了你的选择。

　　记住：选择今天想要的生活，决定了明天幸福的你！

所有失去都会以另一种方式归来

"我们不怕成长，我们最怕成长中的选择；我们不怕选择，我们最怕此时的选择，成为未来的后悔。"

这也许是每一个过来人，发自肺腑的心声。

一段又一段的成长路组成了人生，穿梭在其间最多的就是抉择。选择一些东西的同时，也会失去一些东西。有些失去，就像是一记重重的耳光，在成长中的某一天突然惊醒，赫然摆在我们眼前的，是提醒着那段错误的过去、那些错失幸福的选择。

本以为，那些选择，会在我们的计划和安排中顺利地进行，走到自己心中早已预订和规划好的结果中，并可以骄傲地赞扬过去那个拿出勇气做出抉择的自己。

可是，有些时候，我们当初的选择让我们以后的人生吃尽了苦头，比如：以为自己不在乎裸婚，选择了一位可以相伴一生的爱人，有一天，飞黄腾达的他却突然离开了自己；比如：为了在青春年华有大把自由的时间，而放弃了生孩子，而渐渐老去后却让我们再也无缘于孩子。这些曾经的选择，这些再也回不去的选择，都让我们痛彻心扉。

我们老得很快，却聪明得太迟；人生很短，却总是明白太晚。

某一天，在街角看到某个熟悉的人，内心受到很大触动，当年那个人，再三犹豫之后，还是错过，以为今生再也不会见到。内心只剩懊悔。人生没有后悔药，失去的便永远失去了。

为什么，要牺牲现在的时光，去追悔过去呢？总是停留在懊恼中，从而失去了现在的幸福时光！当自己有足够的能力善待自己时，不要用"如果"去悼念昨天。

告诉自己：失去的，没有走远，只等我们用最好的未来去重逢。

是的，发生在现在的每一次经历，都有可能成为未来的资历。

简妮在学校时，学习成绩不错，也算是一个有远大理想的人，十八岁就拿到了大学全额奖学，从表面上看，她的一切近乎完美，但在不为人知的私下里，她却一直在吸毒。大学还没毕业父母选择了离异，她无家可归，不久后她开始戒毒，藏在租来的小屋里，想着自己没有未来也没有活着的勇气。

二十三岁时，她没有朋友没有工作，一无所有。现在她回想自己浪费的那些年，的确可惜得让人懊悔。但当时的她觉得这样的生活就是为了与命运抗衡。不久，她爱上了一个流浪歌手，于是她浪费了大把青春在一个错误的人身上。而立之年后，她离婚了，带着四岁的女儿离开了那个伤心的家。

她这一生做过很多错误的决定，浪费了很多时间。当有一天她认识到这一点时，懊悔像突然射来的利箭一样，一根根扎在她的心里。无数个夜里，她在噩梦里醒来，滑过脸颊的泪水提醒着她曾经犯过的错误，这让她一度痛不欲生。

那些年的错误让她错过了很多时光，而多年后为了那些曾经的错误付出了追悔，又一次夺去了更多的时光，这些旧伤加新伤的折磨，是不是太不划算了？

于是，有一天，她突然开始明白：那些曾经的每一个错误，都造就了现在的自己，每一个错误的选择都引导着自己走到了现在的生活。她开始试着喜欢现在的自己，努力让失去的，用最好的未来去重逢。

于是，她开始辛勤工作，用攒下的钱还清了曾经吸毒时欠下的债。尽管她的工作并不是自己最喜欢的，但她还是很努力地做好自己应该做的每一件事，并且一步步做到了主管的位置。她做这么多就是为了重新找回失去的自己。

她告诉自己，三十岁不算晚，只要已经做好准备改变自己的生活，什么时候都不算晚。趁着还能做出改变的时候赶紧改变，想想自己曾经浪费时间的那段日子，然后再想想现在该怎么办，这其实是对曾经的失去所能做的最好的弥补。

简妮说，她很想告诉现在的年轻人，别这么早就放弃了，你现在正在做的事情就是对自己最好的补救，不要活在"我现在一团糟，我浪费了我的人生，我的人生完蛋了"的恶性循环里，为什么我这样一个吸毒的人都能重新活过而你们不行呢？谁都可以改变，不要在懊悔中等死，这不是出路。相反，她说在她恍然大悟的一刹那，就快速地长大了。她思考了自己现在想做的所有事情，并列出了实现的计划。

我计划在四十岁之前完成二十件自己最想做的事情。她在离四十岁还有一年的时候，计划表里的事情已经完成了四分之三。她曾计划在三十八岁之前拿到博士学位，可是至今没有完成，不过接下来她有信心能完成这个目标。

我三十岁开始努力工作。

三十三岁遇见人生挚爱。

三十四岁晋升为主管。

三十五岁再次结婚。

三十八岁又得爱子，儿女双全。

四十岁才清楚地知道自己活着是为了什么。

她这一生跌宕起伏，走过险路，犯过错误，也重复过错误，并深深懊悔过，但是现在她抓住了自己想要的人生。

现在她最幸福的事情就是：陪着家人散步、旅游，一路边走边看。

她认为自己最终找到了属于自己的正确的位置，现在的生活很美好。

　　人生一路走来，不管曾经有过什么样的经历，有一天，这些经历会告诉我们：那些旧时光里失去的，已经在用最好的未来去重逢了。

　　很多人总是心痛于失去，其实这个世界上没有白白的失去，就像没有白白的得到一样。失去那一刻固然痛彻心扉，但是失去不属于自己的东西，才有可能遇到真正属于自己的东西，这又何尝不是另一种得到呢？

　　而且，今天失去的，或许是此刻本不该拥有的。如果本该属于我们，就算今天失去，也许还会在未来更适合的某一天得到，而此时得到的你，也许比那时得到的你，更懂得如何驾驭它、珍惜它。不是你的，不管你抓得多紧，也会逃之夭夭。

　　所以永远不要为失去惋惜，当我们与过去应该再见的事越近，也就与未来可能遇见的幸福越远；也不要在失去的时候苦苦挽留，不属于我们的终将无法挽留；属于我们的，总有一天我们会用最好的未来去重逢。

每一个难熬的昨天，成就了现在的自己

　　在一次大型的艺术盛典颁奖典礼上，一位获得最高荣誉艺术大奖的人说过这么一段话："今天，我要感谢曾经那些难熬的昨天，感谢那些伤害过我的人，感谢你们在伤害我的同时，成就了我刚毅的臂膀，让我不得不扛着你们给予的种种打击，一路走到现在，我更要感谢那些被伤害的日子，让我从中悟出很多不曾懂得的道理，让现在的我也得到了升华，得到了成熟！"

　　那些曾经苦苦支撑着以为无法挺下去的昨天，那些给予我们刻骨铭心伤害的人，那些本以为一辈子不离不弃最后却让我们痛哭流涕的人，那些曾经让我们把心掏出来最后却狠狠地伤害了我们的人……如果没有他们，我们的人生，是不是不会有今天这样的蜕变，如果不是因为他们，我们是不是还停留在原来那个幻想中的完美世界里做梦？也正是因为那些被伤害的昨天，我们的心不再软弱不堪，也正是因为那些伤人的行为，我们才更懂得如何更好地去生活。

　　比如：青葱时代的年岁里，都有过那么一段疯狂的恋爱，因为有了那个人的存在，你们在互相爱着的时候激动兴奋，也会在互相

伤害的时候压抑郁闷。你恨自己本该是笑傲江湖的年纪，却因为那一丝牵挂痴缠，而让你的天空笼罩着阴霾。如今，你早已经被生活的刻刀磨平了棱角，回首当年，你或许已经懂得，没有当年的他，怎么会有现在的你！

比如：从学校到社会，从社会到工作，学业的竞争，老板的苛求，同事的钩心斗角，人情世故的艰辛，已经让你褪去曾经的青涩，生活真的有很多不易之处，而他们所带给你的伤害，只是让你更加懂得如何做好现在的自己，并更好地生存在这个世界上。

晓晓年过三十，干净的脸庞清纯依旧，永远挂着不瘟不火的淡然微笑，可是，谁都不知道她这份淡然背后，曾经有过怎样的狂风暴雨。

曾经的晓晓，是大家眼里的幸福女人，也是闺蜜圈子里嫁的最好的。老公和她青梅竹马，相恋多年，大学毕业两人便结婚。老公聪明能干，没几年就开了家规模不小的广告公司。晓晓也是独立惯了，一直坚持上班自食其力。直到儿子出生，为了照顾孩子才彻底做了相夫教子的全职主妇，再后来又添了一个女儿，一家四口幸福圆满，晓晓简直就是理想世界里的人生赢家。

那时的晓晓经常约朋友去她家的别墅里玩耍，总是颇有用心地拍下精致的庭院，奢华的客厅，时尚的室内布局，发到微信朋友圈里"低调地炫富"。每当一屋子的朋友聚在晓晓家时，老公总是很热情地款待大家，无论多累，都会陪大家聊一会儿闹一会儿，还时不时把晓晓揽在怀里秀恩爱，那一刻的晓晓总是会在朋友们起哄声里露出幸福的笑容。

　　后来晓晓的老公很少再出现在晓晓的朋友圈子里，直到有一天晓晓接到了一个陌生女孩的电话。

　　女孩的声音年轻而娇柔，骄傲地说她才是他最爱的人，并且他答应她早晚会和晓晓离婚，他们秘密在一起已经一年多了。晓晓呆若木鸡，那一刻，过去老公种种"诡异"的行为一幕幕在眼前闪现，她想起了老公打来的那些，以加班或者出差没时间回家为由的电话，顿时心裂成碎片。

　　晓晓是个不愿意委曲求全的女人，她选择了离婚，丈夫给她留下了两个孩子，也留下了那套他们在一起生活了多年的别墅，丈夫也承诺按月支付孩子高额的抚养费。老公曾懊悔地哭着说自己是一时糊涂，犯了婚姻里最不该犯的错误，请求晓晓的原谅。但晓晓说，婚姻里最不能原谅的就是背叛，这是每一个女人的底线。以前的时光已经不在了，今后，她要开始全新的生活。

　　刚离婚的那段时间，晓晓一度痛苦不堪，在家里完全封闭了自己的生活，每天魂不守舍，不知道该做些什么。后来，她把孩子交给父母，开始了一场又一场说走就走的旅行。一次，她来到巴黎的某个小镇，看了一路的风景，心头忽然被一种莫名的委屈和孤独感包围，当清澈的小溪喷涌而出的时候，晓晓突然转身冲着空旷的大山喊道："过去，再见，昨天，再见。"她几乎用尽全力呼喊着，似乎要把那段沉重的痛苦从心底拔出，重重地抛向雾气浓郁的上空。

是时候和那段难熬的过去告别了，明天一定是一个全新的开始。

回家后，晓晓精心规划了自己接下来的生活安排。生孩子之前原本就有丰富工作经验的她，很快就进到了一家外企工作，可是工作之后她才发现因为长时间的搁置，自己在很多方面已经和社会脱节了。眼看上司安排下来的工作无法胜任，晓晓焦急不安。

痛定思痛之后，晓晓决定暂时放弃工作，开始学习。

一直以来学习服装设计的她，开始重新学习绘画，从现代时尚元素的设计理念学起。重新拿上画笔的感觉很好，专注、忘我，通过线条表现自己眼里的美好世界……学习和工作的使命感让她忘记了生活上的烦恼，也减轻了她的压力和焦虑。

一年以后，晓晓再次走上工作舞台，她变得游刃有余，不到半年时间就成了公司最有实力的设计师。

这样的晓晓，开始真正让身边的朋友发自内心的认可和赞赏，再后来，她嫁给了一名出色的设计总监，重新组建了幸福的家庭……

如今的晓晓，有着一份自己喜爱的工作，和谐的家庭，而且还经常往返于各大艺术学院，……每每和朋友们说起自己的现状，晓晓都会用自信的笑容告诉大家她的生活已经真正变得丰满起来。这种笑是和生活言和的笑，也是一种满足的笑。

晓晓说，其实她很感谢曾经那段痛苦的婚姻，那段痛苦的昨天，正是这种难熬的经历，才让她学会了反思和改变，才成就了今天的自己。

每一段伤害的背后都有痛苦和愤怒。而有一天，当我们从那段过往中走出来时，才发现，我们真的要感谢那些曾经带给我们痛苦的人，没有他们就没有今天更好的我们。

每一段人生经历，都是生命的历练，如丝网般斑驳烙印在心头。一点点堆砌，然后我们会一点点长大、成熟，拥有阅历。每次长夜哭泣之后，我们会感谢所有曾经相识相爱、却又彼此伤害过、终也没能相守的人，是他们用难熬的折磨，成就了现在的自己。

因为，是那些曾经不愿提及的过往，惊醒了连我们自己都不知道的潜能。

你想要的，永远都只有自己才能给自己

记不记得小时候，小孩子们特别迷恋一种叫俄罗斯方块的游戏机。这东西现在鲜少见到，那时一个要一百多块钱，伸手向父母要钱吧，又觉得张不开嘴，怎么办？

于是，很多孩子干脆等放假自己出去找一些事情做，比如，有的男孩得知一些中医院收蝉壳，便在暑假最闷热的时候，趁着有些蝉脱壳了，就赶紧爬到大街小巷的树上，举着竹竿粘那些可以换来游戏机的透明蝉壳，等到收集了一口袋，小心翼翼拿去换钱，等攒够钱就去商场买游戏机。

那个时候，用自己赚来的钱买到的游戏机，拿在手里感觉心里美滋滋的。

还有一些女孩儿，放学路过商店，无意间看到了一双红皮鞋，勾起了自己的公主梦，可是因为太贵，父母不给买。于是趁着放假到附近的餐馆打工，后来终于用赚来的零花钱买下了那双心仪的红皮鞋。当和同学们约着一起去小河边钓鱼时，女孩穿着红皮鞋和一条白色的裙子，那一刻她一定觉得自己是一个满脸骄傲又美丽的公主。

　　在我们的少年时代，想要的很简单，只是游戏机和漂亮鞋子，但是我们知道，得到的办法就是自己去争取。

　　有时候常想，曾经我们费尽心思得到的东西到底有什么用？那时的游戏机已经被现代各种高科技产品取代，我们甚至忘记了它最后的去向。而女孩的红皮鞋，经年之后也已褪色，下落不明，说不定早被丢进了垃圾桶，而且长大后，她有能力给自己买更多漂亮的衣服鞋子。

　　完成了童年理想之后，人生还有更多的理想等着我们。很多年后阳光照进回忆里，这种靠自己努力换来自己想要的东西的感觉，真好。所以，别等待别人的给予和帮助，自己想要的东西，自己去争取，大概会成为一生的信念。

　　是的，想要的一切，不如自己给自己，自己赚来的东西远比别人给予的东西，更加让人心安理得。

　　很多女人在离婚后，很快就萎靡凋零了，而小凡却在丈夫逼她离婚，痛失儿子后幡然顿悟，原来人生，只能自己给自己。

　　她一直认为儿子来到这个世界上，是这一生最大的幸福。初为人母时，陪伴一个小生命一天天成长的喜悦，几乎是她生命的全部。渐渐地，由于一心扑在儿子身上，小凡发现自己和老公的关系越来越淡。后来，老公开始习惯了不回家，从未得到过父亲关怀的儿子，还没来得及感受人世间的美好，就在五岁时死于哮喘。那时的小凡痛不欲生，几乎失去了活下去的希望，儿子的早逝，成为她一生的伤痛。

那段日子，郁郁寡欢的她不但已经彻底无法获取丈夫的欢心，而且对婚姻也已经心如死灰。于是，小凡选择了离婚。

在从北京回老家重庆的列车上，望着窗外一排排闪过的风景，小凡忽然感悟到：人生匆匆而过，没有什么是可以为一个人永恒驻留的。隔着这些年的时光，回望过去，自己从前的惶恐懦弱、期待能依靠老公一辈子的岁月，一去不复返。也就是那个时候，小凡的人生被分成了截然不同的两段。

时光不会为谁停留，过去的再也回不去，可是却总有些收获，沉淀在生命的痕迹里。

伤痛总是能唤醒心灵的感知。婚姻破碎，痛失爱子，小凡回想起自己曾经的婚姻，那时的自己没有主见，不独立，怕老公离开自己，怕离婚，所以在老公面前总是小心翼翼，也许正是因为自己的性格弱点，才导致老公从来没有把自己放在眼里。本以为婚姻可以成为一生的依靠，没想到最后却还是被命运狠狠地摔到了谷底。

幡然醒悟后的小凡，觉得自己的整个世界都变得不一样了。她告诉自己：昨天等待别人给你，明天自己给自己。

新的生命终于开始了，小凡大学期间的专业是英语，而且还是数一数二的高才生，当初结婚后因为一心照顾丈夫孩子，所以学业一度被荒废了多年。现在，她决定重新捡起自己的专业，经过两年的复习准备，她终于考入了英国的一所大学。

在英国留学期间，小凡努力学习英语，克服语言关，渐渐便能说得一口标准流利的英语。加上一边读书一边做家教的经验，小凡不关巩固了英语口语，还结识了很多英国朋友。毕业后，她发现很多英国人都特别喜欢中国特色的传统文化，比如，一些中式的服装、配饰等等。于是在朋友们的帮助下，她办起了一家主营中式服装的公司，虽然是初次经商，但由于在英国多年的人脉累积，大家一传十十传百，她的生意很快就火了起来。

凤凰涅槃的小凡，渐渐地找到了属于自己的舞台。她将自己的服装公司经营得有模有样，从一开始的一家店面，慢慢又发展起来几家连锁店，后来她又投入一部分资金开起了网店。店面的陈设是与众不同的中西结合风格，既能满足西方人的审美，又能在融合东方美的同时调动顾客的好奇心，激发他们的购买欲望。在设计理念上，她不光选料考究，而且特意聘请了一位曾在中国服装设计学院学习过的英国设计师，兼懂两国设计理念的设计师非常注意在细节处凸显两国品味的融合，比如，配饰、纽扣、眼袋都非常个性别致，还在款式上大作创新，采用时尚裁剪法，于是，小凡的服装品牌很快在英国风靡起来。

　　服装事业的成功，不仅让小凡有了独立的物质生活，更让她有了独立生活的能力和底气。当年丈夫嘴里的"林妹妹"，现在正引领着中国的时尚潮流纵横海外。小凡在用自己的经历告诉所有的人：等待别人给你，不如自己给自己，只有自己做主的人生，才能真正活得扬眉吐气、风生水起。

　　多年后，再次提起那段痛苦的过去，小凡都会淡然一笑："我要为现在的自己感谢那段时光，若没有痛苦的昨天，我可能永远都没有办法找到自己，也没有办法成长。"

　　曾经风靡一时的《来自星星的你》里，有一位随时能拯救女人的"都教授"。现实中，谁都渴望"都教授"的拯救，但这样一位"救星"只能来自于外星球，就算他真的爱上我们，我们会因为过于依赖而变得更加卑微。所以，与其等待"都教授"，不如自己去创造幸福。

　　那么，不要再把别人当成自己生活的希望，生活的每一天，都要自己走过，当时光匆匆而过时，自己走过的路才会丰盈每一个属于自己的日子。

　　亲爱的，请相信，你想要的，永远都只有自己才能给自己。

爱情：不要以爱的名义扼杀自己的人生

一个女孩说，不知道什么时候能找回原来那个率真的自己，爱一个人爱的太过用力，都失去了自我。

有人说，恋爱中的女人痴痴傻傻，智商几乎为零。因为一爱上那个人，她们好像就成了他身上的一根肋骨，成为他的一部分，以为只有不断地迎合、改变，才能真正和他融合，走进他的生活。于是，便忘记了自己原本是什么样子，失去了生活的初心，仿佛自己的人生目标就是为了找到这么一个可以依附的人，找到了，自己也就不重要了。

如果因为爱情，没有了自己，这种爱会不会太沉重？如果因为爱情，而扼杀了自己，那不只是太沉重，而是卑微的空洞，你最后还是会失去那段没有自己的爱情。你不可能一直抹杀着自己的快乐去迁就对方。没有了自己，连爱都没有了能力，爱情便已不再快乐。

呵护可以证明爱，迁就可以维系爱，但无条件的迎合却不能留住爱！

欣然一直以来都是一个开朗单纯的女孩，生活中，她自信独立，深受朋友们的喜欢，在工作上，她又是一个干练果断的女强人，做事雷厉风行，是上司的得力助手。

但是在感情上，她却完全变成了另外一个人，对感情的依赖程度令人难以想象。她认为只要爱上一个人，就应该为对方付出自己的全部，只有全身心的投入，才能让爱维系得更加长久

欣然的男友是做服装产业的，有着优越的家庭条件和良好的教育背景。人不仅有气质而且长得阳光高大。这种条件的男孩，自然会成为很多女孩钦慕的对象，面对这样的局面，欣然常常因为不安而充满危机感，总觉得男友就像长了翅膀似的，一不小心就会飞走。

起初在不知道男友家庭条件的时候，欣然和男朋友在一起时都会特别自然放松，随意地展示着自己乐观自信的性格，所以两个人相处起来也是特别的融洽。可是自从见过男友家人之后，欣然忽然感觉自己在男友面前变得自惭形秽，原来男友家的条件远远比自己想象中优越多了，她将来就是嫁入豪门的贵妇了，每每想到这里，她的心里就变得既激动又惶恐。

因为对方在欣然的眼里已然成了高富帅，所以，欣然总是担心自己未来豪门贵妇的地位不知道哪天就会被一个比自己更好的女人夺去，所以她在男友面前不但变得小心翼翼刻意讨好，而且还把对

方看得越来越紧。看着以前那个纯朴自信的女孩变成现在的样子，男友并不明白她为何会有这样的转变？

　　欣然愈来愈虚荣，她觉得嫁入豪门前自己应该先学会适应一个阔太的角色。于是她开始放眼各大名牌服饰，还经常出入一些高级会所，试图塑造出一派上流社会的风气。这一切，都不是男友喜欢的，男友当初喜欢的就是她的纯朴自然，况且，男友家看重的并不是未来儿媳妇的外貌，而是人品。渐渐的，男友开始厌烦并疏远她，最后还提出了分手。

　　面对这个结果，欣然一度无法接受，哭着说自己不能没有男友，并苦苦哀求男友不要离开她。而当男友欲扬长而去时，欣然居然跪地不起，完全失去了一个女人该有的尊严……

　　结局当然是无可挽回的。当一个人在爱情中失去自己的时候，便是爱情一去不复返的时候。

　　爱是两个独立个体之间的互相融合，所以爱里不能失去自己的个性，完全的依赖会让人害怕。爱情的前提是，先有属于自己的人格，然后才有能力彼此相爱。

　　爱人之前，先爱自己。幸不幸福，自己感觉得到。爱和选鞋子一样，合不合脚最重要，要根据自己的脚型选择适合自己的鞋子，如果为了努力合脚而削足适履，最后只能让自己伤痕累累。

爱并不会因为失去自己而驻留。失去自己与付出真情是不一样的，付出真情的爱，不会因为爱而放低自己的姿态和人格，会懂得对自己放手，也会凡事为对方着想。失去自己的爱却经常是紧抓住爱情不放，苦苦努力只为把对方掌控在自己的股掌之中。

不要问自己，我哪里不好？而是要对自己说：我很好，我能够给自己和对方最好的爱。

当爱的想法改变，爱情的感觉就改变了。

他说，我失去了爱情，因为先失去了自己。

他在爱上她以前，有着斐然的文采和出色的文笔，算得上学院里风云级的人物，是很多女孩心目中暗恋的对象。

而她，就这样从一群女孩子中脱颖而出。

他与她谈恋爱的第一年，为了帮她复习耽误了自己的学习，他的一门课程考试没有及格，最后通过补考才勉强通过。他们相爱的第二年，他为了带她出去旅游，生平第一次满大街卖盗版光碟，只为了完成她周游世界的梦想。

他们相爱的第三年，那些曾经赏识他文学天赋的编辑，渐渐的已经淡忘了长期没有任何作品的他，最后连他自己都已经记不起，最初曾因为卓越的文学才能而被许多的女孩子们仰慕过。

大学即将毕业的那一年，他满心想着的都是带着她回自己的家乡结婚生子。但没有想到的是，因为恋爱荒废了学业，他有几门课程没有及格，他将无法拿到学位证书。而好不容易因为亲戚关系找到的那家单位，因为他没有拿到学位证的原因，也拒绝了他的工作机会。而女孩的父母告诉他，如果没有工作，他们的婚姻免谈。

从此他们陷入了无止境的争吵，每一次，都以他的妥协结束。他以为自己几乎失去自己的付出，会让她在接下来的时光，加倍地爱他。可是他却发现，这样委曲求全的结果，是她渐行渐远的背离。

最后，当她重重地甩下分手两个字的时候，他几乎崩溃，想到自己最美好的大学时光，为了这份爱情，荒废了学业，淹没了文采，疏远了写作，又弄丢了学位，连自信的个性，都荡然无存，而这样的付出，最后换来的却是伤害。

后来有一天，他遇到了曾经喜欢过他的一个女孩，女孩诧异地看着他，说道："那时你自信的魅力，不知迷倒了多少女孩，可是现在，你的光芒不知为何，已经荡然无存。难道你不知道，你已经因为爱别人而失去了自己吗？"

他终于明白，他是先失去了自己，才失去了爱情。爱的秘诀，原来还包括如何始终不变地保持自我的光芒。

世上没有一段爱情值得你为之失去自己。

　　所以，如果想留住自己的爱情，请先找到自己，活出自己，只有在独立的人格里，才可能得到永恒的爱！

　　那么，请不要以爱的名义扼杀自己的人生，爱不应该黯淡了自己的光芒，而应该先点亮自己，再照亮彼此的人生。

婚姻：我的婚姻我做主

　　曾经的 80 后也许都有过这样的感受，从小一路被安排着长大，被安排上学，被安排学钢琴，被安排选专业，被安排工作，最后还要被安排感情和婚姻……

　　一个女孩说："那些年在学校的初恋，被父母以学业为重的理由扼杀在摇篮里，父母的顾虑和担心我们可以理解，可是他们不知道爱情和婚姻需要自己慢慢去经历、学习和成长。毕业后我按照家人的意愿从事了一份安稳但不喜欢的工作，接着还被安排见了很多相亲对象，可是这些都不是我想要的生活。"

　　在家人的眼中，她一直是个乖乖女，因为她所有的生活都是在家人的安排下进行。然而，在她的内心深处，却并不愿意接受这样的安排，她有很多自己想要实现的梦想，也想走一条自己喜欢的路，过上一种自己想要的人生，然而，被安排习惯了的她却没有勇气说出自己的想法，更没有勇气坚持自己的梦想。

　　在婚期临近的那段时间，她的内心却恐慌无比，她知道这段婚姻并不是自己想要的。朋友们都说她这是得了"婚前恐惧症"，可是她觉得自己真正恐惧的并不是即将到来的婚姻，而是不甘心就这样走进这种压根就不了解的婚姻状态中。迷茫中，她不断地问自己：活了二十几年，究竟哪一样才是我真心想去做的呢？

回头看看这二十几年的人生，她觉得自己就像"木偶"一样，被别人操控着，不管什么事情好像都由不得自己做主。渐渐地，她似乎习惯了这种被做主的生活。所以，从她懂事开始，她就在被灌输着"这件事情该不该做由不得自己"的思想，家人很少会给她选择的机会，直到上大学，她都是按照家人安排好的路在走。

她知道自己其实并不喜欢这样，看着身边的朋友们都可以按照自己的意愿去做事情，她打心底里非常羡慕。

好不容易工作稳定了，家人又开始忙活着张罗她的婚姻大事，他们似乎对于她想要找一个什么样的人结婚并不在意，就开始四处托朋友找亲戚为她介绍对象。在家人的安排下，她频繁地开始相亲，却没有碰到一个合适的。

现在这个未婚夫，在大家眼中是一个可以托付终身的人，可她自己却一直没有太多的感觉，可是家人对男孩的条件很满意，女孩也明白他们这样也是为自己好，就默许了。经过一年平淡如水的相处之后，双方父母就自作主张把婚期安排好了。

她发现自己变得越来越焦虑，已经不知道自己需要什么了，总觉得如果进入了这段婚姻，自己的一生也就没有什么幸福可言了，她不想就这样活着，可是又不知道到底要怎样做才好……

　　每个人内心最清楚自己的婚姻，也唯有自己知道什么样的婚姻最适合自己，别人无法决定也不能评断，婚姻也不关别人的事情，想跟谁在一起是自己的权利。人生中很多后悔的选择，都是因为那些年，我们为了别人的意愿和安排而隐藏了自己的想法。那么，自己的路该怎么走，请自己选，然后走完自己选的路，人生便是无悔。

　　晓晓出生在西北的一个小县城，父母本是北京人，因为"文革"时下乡插队留在了西北。新中国成立后知青返乡，眼瞅着身边的朋友们都一个个踏上了返京的道路，可他们却始终不能如愿。所幸的是，晓晓是一个非常有才气的女孩，高中毕业那年以优异的成绩考入了北京一所知名的大学，毕业后很顺利地留在了北京。经过几年的奋斗，能干的晓晓很快就成了大公司的白领，收入不菲，于是很快便买房把父母都接到了北京。

　　晓晓这些年来一直忙于工作事业，眼看年近三十却依然没有谈过一个正式的男朋友。母亲看在眼里急在心里，眼看着女儿身边的同学朋友都已经结婚生子，自己的女儿却成了"剩女"，于是便忙着为晓晓张罗婚事，催着晓晓去相亲，可晓晓似乎对这件事情并不感兴趣。

就在母亲不知所措的时候，晓晓忽然郑重其事地宣布，她已经有了结婚对象，有时间领回来让父母看看。

母亲颇感意外，赶紧询问男孩的具体情况。

原来，男孩是晓晓的同事，虽然在公司大小也是个主管，但是学历一般，父母都是普通工薪，目前尚无能力在北京买房。他们在一起交往的时间已有五年之久，男孩虽然很爱晓晓，但是想到自己还没有实力在北京为晓晓买婚房，曾经好几次忍痛割爱和晓晓提出过分手。晓晓也曾动摇，母亲也曾无数次告诉她：找一个条件好的人结婚，自己可以轻松很多。

可是，婚姻是自己的事情，母亲的意见虽然是为了让自己生活得更好，但是婚姻幸不幸福，只有自己知道。

听了晓晓的话，母亲不假思索地立刻提出了反对意见。

晓晓据理力争："我就知道你们会反对，可是我和他相处那么多年了，我们分不开了……"

"不行，我说了，我坚决不同意"母亲近乎咆哮。

"妈，别的我都可以听您的，但是我的婚姻请您让我自己做主，可以吗！"晓晓欲哭无泪。

母亲不再说话，从此便开始了与女儿的冷战。晓晓知道冷战是暂时的，等过不了多久，爱自己的母亲还是会为了女儿妥协的。晓晓知道母亲不喜欢男友，但是每逢周末，晓晓总会和男友回家看望母亲，帮母亲料理家务，母亲虽然避而不见，晓晓和男友还是义无反顾地坚持以自己的孝心打动母亲。

转眼一年过去，母亲已经开始慢慢接受晓晓的男友了，晓晓看出母亲的变化，便趁热打铁，提出了结婚的请求。

母亲叹了口气："晓晓，我真服了你啦，婚姻是你自己的，只要你愿意，我还能说什么呢！"

晓晓如释重负，抱着母亲露出了幸福的笑容。

没错，婚姻冷暖自知，适合自己的就是最好的。

家庭：把日子过成你想要的样子

你认为最美好的生活，应该是什么样子？

把日子过成自己想要的样子，就是最美好的生活！

短短的对白，道出世间最简单却又最难实现的道理。

一个打算结婚的女孩说，我理想中幸福的家庭生活，首先一定要有一套属于自己的房子，一个不需要多大的地方，家里处处都是温馨和浪漫。一进门便是大大的落地窗，窗边有一把摇椅，每当阳光于午后倾泻而入的时候，我便坐在摇椅上就光而读。房子门前种满了各种树木花草，每当春暖花开的时候，我和家人于花间追逐，幸福伴着笑声萦绕。屋后有一条干净清澈的小河，每当夜色来临，我们会在河边的柳树下边聊天边乘凉，日子过得惬意无比。

可是，每当我说出自己想要的生活的样子，别人都说我是痴人说梦，这样的生活，一点儿都不现实。

一个刚刚结婚的男孩说，我想要的生活很简单。比如，我认为最幸福的生活，就是在周末闲暇时可以和老婆回家看看，能随时吃到老爸老妈做的饭菜。每逢节假日时，带着一家人一起出去旅游，走遍世界，看过每一处自己喜欢的风景。当然，平时要有一份自己喜欢的工作，不求月薪有多高，够自己花销就行，也不希望生活的大部分时间被工作占去，显赫优厚的工作背后势必要有高额付出为代价，而我只要开心就好。

可是，每当我说出自己理想生活的样子，都会被别人冠以"不求上进"的头衔。我只想要我自己想要的生活，我错了吗？

一个结婚多年的女人说，我想要的那个老公，可以不温柔但一定要体贴，就算多年后爱情会变成亲情，我也永远都是他手心里的宝，在照顾与被照顾的角色中我希望他充当的是前者。我们在一起相亲相爱相濡以沫，但是又不能没有各自独立的人格和空间，我们不能没有彼此，却不牵制彼此，爱的亲密而有分寸。

可是，很多人说，我理想中的婚姻家庭生活，现实中不过是天方夜谭。

我们想要的生活，很简单却又很难。

因为，我们到底应该把生活过成自己想要的样子呢？还是现实中别人更容易接受的样子呢？我们是该活给自己看呢？还是活给别人看呢？这是个不太好衡量的抉择。

很多时候，理想中的生活和现实中的生活是有冲突感和距离感的，关键还在于自己是否敢于突破现实陈规，去过自己想要的生活。

　　张先生是一个香港的大老板，继承了父亲的事业，身家显赫。年仅四十多岁的他经常带着妻儿往返于东南亚、新加坡等地的企业，每到一处都有自己的房子，出差的同时也顺便旅游，看起来生活过得非常潇洒。

　　某一次和朋友一起吃饭，席间聊天，他说觉得自己每天身体疲惫，心灵迷茫，不知道自己未来的幸福在哪里。

　　他说，很多人都美慕他的家庭生活，以为他已经拥有了别人做梦都无法实现的东西，可是他觉得自己过的并不是内心最想要的生活，光鲜的身份背后是常人无法想象的艰辛付出。他说，他最难忘的是一次在非洲的旅行，遇到一个带着妻子浪迹天涯的流浪歌手，妻子弹着吉他，歌手深情伴唱。看了两个人的表演，他内心颇为震撼。后来和歌手夫妻聊天，他知道这对夫妻非常自由，去过很多地方，他非常美慕他们这样的家庭生活方式，特别想和这对艺人一样，放下工作和妻子一起流浪，他觉得这才是他想过的人生。

　　她原本是一个很开朗的女人，可是自从谈了一场恋爱后，就变得越来越不快乐。原来，她的男朋友是一个不够专一的人，经常对她若即若离。她知道自己不是他唯一的女朋友，可是又不知道该怎么捅破这层窗户纸。于是，每天在失眠中等待男友的电话、微信，已经成了她生活的全部。

　　她知道，这不是她想要的生活。

　　再后来，朋友见到她时，她的脸上看见了幸福的微笑。她说："我结婚了，老公是一个憨厚踏实的男人，青春太短，我不想让自己未来的家庭生活在无谓的等待中浪费。"于是，朋友们总能看到她的老公经常在下班后等在她的公司门口，看见她欢快地奔向老公，老公赶紧帮她拎东西，很自然地搂着她的肩膀，她转脸微笑地看着老公，笑容就像午后暖暖的阳光。

　　她是一个婚姻不幸福的女人，和老公貌合神离，婚姻不过是名存实亡。原来，她的老公在外面有了新欢，而她才三十多，正是属于情感盛开的年龄。所以，孤枕难眠的漫漫长夜，她总是靠跟朋友聊天打发时间。她考虑过离婚，可是又担心别人说三道四，一直忍着，忍了两年后，她终于忍不住了。她终于决定不再顾虑别人的眼光，选择离婚。她说："忍一时可以，但是决不能忍一辈子，别人怎么看都不重要，重要的是自己想要怎么活，所以，完全没有必要为了别人委屈自己。"她最开始瞒着父母离婚，打算等时机成熟再告诉他们，没想到父母却非常理解自己："孩子，我也不想看着你那么苦，不想你在孤独里自己承受。"她终于走出了不幸福的家庭生活，获得了自己想要的自由。

　　看一些敢于追求幸福生活的人，都四十多岁了还能坦然地离婚追求自己的新生活。换很多人都觉得，都这个年纪了，该知天命了，还瞎折腾什么呢？可生活是我们自己的，幸福也是我们自己的，生命那么短暂，为什么要将就呢？为什么要凑合呢？如此将就了自己的一生，岂不是太对不起自己了？

　　那么，不要在意外界的眼光，为自己现在想要的生活去努力吧，哪怕前面胜算不多，哪怕一路刀光剑影，哪怕流言蜚语、冷眼与嘲笑排山倒海般压过来，都不能模糊了我们眼里，那些想要的生活最初的美丽模样。

　　我的未来，有房子，不用多大，也不一定面朝大海，只要有个落地窗，窗外有阳光，还有个心爱的恋人，如此，就很幸福了。

　　没人能让时光倒流，然后重新再出发，所以让我们在今天启程，去创造一段无悔的生活吧。

　　世界太大，生命太短，日子要过得尽量像自己想要的样子才对。

事业：选择你爱的，而不是别人喜欢的

你有过这样的感觉吗？此刻的工作好像被抽打着旋转了很久的陀螺，周而复始着没有激情的习惯，满是审美疲劳的眼中，前途漫漫，没有希望，没有尽头……

工作就像是一场豪赌，选择自己喜欢的？还是更有发展前景的？一直是萦绕在心头的难题。

当我们迫于生活的压力，而不得已选择自己不喜欢的工作，而不喜欢的工作渐渐成为精神桎梏后，转行，成为转向下一个选择的必经之路。在重新构筑另一个希望的同时，一切都要重新来过，又像是一场赌博。

于是在患得患失之间徘徊不定时，我们终于明白了一个道理：事业，就应该义无反顾地选择你爱的，而不是别人喜欢的。

林洋大学时学的是机械专业，当初选专业时，林洋对文学很感兴趣，想报考这方面，但身边的亲人朋友们一致觉得这个专业不够热门，所以后来就在家人的决策下选了机械专业，家人认为机械电子终归是一门技术，无论将来社会如何瞬息万变，这一行业还是必

不可少的。

进入大学后的林洋每天对着那些机械图纸，提不起一点兴趣。但毕业后，考虑本专业就业机会比较多，所以林业不得已还是从事了机械方面的工作，现在他在单位工作快三年了，虽然每天的工作还算得心应手，但他始终无法从这份工作中找到真正的快乐。

不断涌上心头的压抑与苦闷，让他不知所措，他一度后悔当初不该选择自己不喜欢的专业。现在的自己，一方面很不喜欢这份工作，恨不得立刻辞职走人，另一方面却又对自己的前景充满迷茫，不知道自己下一份工作的出路在哪里。

我们都有过这样的经历，在大学选专业的时候由于家人的反对或别人的影响，不得不放弃自己喜欢的专业，工作后又不得不从事本专业的工作，因为不喜欢所以工作就失去了激情和活力。

某知名企业家在斯坦福大学的演讲中，说了一段令人振奋的话："你的时间有限，所以不要将其浪费在别人的阴影之中，不要让别人的想法淹没了你自己内心的声音。"

是的，我们自己想要的生活和工作，没有人比我们自己更清楚。

一次又一次的抉择，人生的方向便一次又一次被改变，一个正确的选择后人生是一份满意的答卷，而一个错误的选择后，人生有可能永远错下去。

世界一直都是现实残酷的，我们谁都没有权利选择生活在一个怎样的社会，但是我们能选择做自己喜欢做的事，这是在这个世界上我们唯一可以拥有的一点权利，所以绝不能放弃。

她说，这一生，能做自己喜欢的工作，真的是一种幸运。

走上设计师之路，是她自己都没有想到的。当初她其实不是大学一毕业就有机会做设计的。刚毕业时，没有一点社会经验和阅历，和所有的大学毕业生一样，毕业就东奔西走开始找工作，不是名牌大学，学的也不是热门专业，所以，起初的那几年，她一直没有找到自己喜欢的工作。没有爱就没有激情，所以频繁跳槽成了那时的家常便饭，那是一段漂浮不定的日子。再后来，她干脆打着零工，慢慢地开始涉及一些自己喜欢的设计项目，当时虽然没钱，但是每天面对着自己热爱的工作，内心对未来充满殷切期盼，所以并没有觉得太难过。

后来，一个偶然的机会，她进入了广告公司当策划，这是她喜欢的工作，也是她擅长的工作，因为一直以来对设计的驾驭能力，让她如鱼得水。在这里，她很快便积累了丰富的工作经验，也开始对职场有了一定的把握。那是一段非常快乐的时光。

可是，喜欢的工作里，不光需要工作技能，还要掺杂很多办公室政治。快乐地工作一年之后，设计部换了一位新总监，初次接触，笑眯眯的新总监给大家留下很不错的印象，她对新总监自然也是心无芥蒂。可是，渐渐地，她发现总监总是对她的工作鸡蛋里挑骨头，她干得越来越不开心了。不久，在一起相处一年之久的同事们都纷纷辞职，她预感自己离开的日子也不远了，可是，因为太喜欢这份工作，她总是舍不得离开。

直到后来她才明白，自己是必走无疑的。因为，来者不善的新总监要彻底更换设计部的队伍，把身边的人都变成她的心腹。而自己是公司做得最好的原老，掌握着很多重要的资源，她肯定是不允许自己的存在的。所以，在她百般习难的那段日子里，自己欲哭无泪，寝食不安。当工作成为心灵的桎梏，没有一点快乐可言，那有何必再坚持？于是选择了辞职。

辞职后，身边的很多朋友都说她太鲁莽，那么好的工作说不要就不要了。可是在她看来，有爱的工作才有快乐，别人看着再好，可是自己心里不舒服，又有什么意义？

那时的她，忽然觉得人生海阔天空，不用看人脸色的日子是幸福的，于是她开始在家做自由设计师，自己联系客户，接设计稿来做，很快，她就成为业界小有名气的设计师，业务应接不暇。

不用朝九晚五，可以睡到自然醒，更可以随着心情而工作，她说，这就是她想要的最美的工作姿态。

成为自己想要成为的自己，做自己喜欢做的事情，才是内心深处最温暖的召唤，不是吗？

第三辑

在人生最关键的时候，逼自己一把

折翼的天使也能飞越沧海

有时候，我们无法决定自己的人生，是因为对自己太过失望，于是那些本可以绽放光彩的潜能，被迫压抑到无法脱颖而出。

很多时候，我们会不喜欢现在或过去的自己，虽然这是我们并不愿意承认的事实。但是，当错过了某些证明自己的机会，而恰好被对手完成，心里就会有无限沮丧的自卑泛滥而出。

当有一天我们以自己不太喜欢的做事风格呈现在别人面前，而身边忽然有一个魅力超群的人，将我们瞬间比下去，让我们黯然失色时，心情立刻降低到冰点。那时我们会埋怨自己，为什么那么不自信？为什么不敢坚持自己的风格？为什么要让自己沉沦在不必要的自我不安中？

当我们在看着一个举手投足间流露着自信的朋友，侃侃而谈的时候，我们是不是也在想：什么时候自己也可以成为这样的人啊？

就算有时候我们鼓足勇气说一句"你看，我真的很好！"之后，还是颇为心虚地看着对方的眼睛，不经意间就流露出一种卑怯，因为我们打心眼里就不敢肯定自己。

我们总是喜欢妄自菲薄，因为我们认为：折翼的天使，怎能飞越沧海？

　　其实，每个人都是一个天使，都是最独特的存在，那又何必让自卑，掩盖了只属于自己的独特？

　　那一年，她十八岁，其貌不扬，还因为小时候一次意外患上了跛足。

　　可就是这样的她，却从南方一个遥远偏僻的渔村考进了上海知名的大学。初次来到上海，大城市的一切都是那么新奇，她快乐而自卑。本以为从小地方考到上海是一件引以为豪的事情，可是当她发现自己土气的外表与这种现代化的城市格格不入时，内心的自卑感便如丝网般在心头蔓延。

　　还记得上学的第一天，初次见面的同学们兴致勃勃地互相交谈着，每个人看上去都是那么的时尚洋气。这时，与她邻桌的一位女同学第一句话就问到，"你家是哪里的？"本是同学间一句最无心最自然不过的问候，可是这个最忌讳的问题对她来说，仿佛是一个最大的讽刺，因为在她的逻辑里，小地方的人就意味着身份低微，在来自大城市的同学面前，只有自惭形秽。

　　担心露怯，担心被看不起，担心被笑话，一直以来，她都以自我封闭的状态过着原本该灿烂如花的大学生活，以至于大一结束的时候，班上很多同学甚至都已经忘记了她的存在！

更加让她无法自信起来的，是她的外貌。

大一结课后，班里照合影留念，身边的女同学们个个稚嫩如花，而自己看上去饱经沧桑的脸足足有三十岁。她疑心同学们嘲笑的目光，没人愿意和她合影，嫌她丑陋的样子影响整体的美感。

因为跛足，最爱穿裙子的她从来不敢穿裙子。大三的时候，班里开设了体操课，要求每个女生都要参加训练，否则就无法毕业。也正因为此，她差点儿毕不了业，因为她不敢参加体操训练，担心自己跛足的样子成为别人眼里的笑料！老师说："只要你参加了，不管跳得好不好，都让你过关。"可她就是不愿意。她的心病只有自己知道，她想告诉老师自己不是不懂道理，而是因为深深的自卑，害怕自己跳起来左右摇晃、一颠一跛的样子，被同学们嘲笑。可是，她没有向老师开口解释的勇气，她焦急而不知所措。

很长一段时间，自卑如影随形，占据着她全部的生活，她不敢交朋友，不敢谈恋爱，甚至不敢决定自己的人生。

在无数个被自卑击倒的日子里，她艰难地行走在自我封闭的世界里。

她说，自己是一只折翼的天使，何以飞越沧海？

是啊，我们从来就不是完美的人。我们相貌平庸，没有过人的才能，会犯很多错误，有一大堆人性的弱点。但是我们又喜欢被认

　　可，不喜欢被否定，自卑又自尊，一副无所谓的样子，内心却倔强到对什么都那么在乎。

　　这些缺点就像是生命的阻碍，伴着苦闷失落，掩盖了内心原本阳光灿烂的潜能。想忽视它，却欲罢不能。

　　因此，我们无法接受现在的自己，努力想要成为更好的人。于是，才会那么在意自己在别人眼里的样子，因为我们希望自己永远是别人眼里最美好的人。我们扛着这些卑怯、不安、失落举步维艰，寸步难行。

　　其实，谁又是生来就是完美的人，如果总是对自己没有的东西耿耿于怀，就再也没有了飞翔的力量。

　　如果我们不那么较真，或许可以放自己一条生路。

　　想起了尼克胡哲的故事，一个澳洲男人，天生没有四肢，但不可思议的是，他骑马、乐器、游泳、足球样样皆能，在他看来世界上只有不想做的事，没有做不到的事。

　　他考取了两个大学学位，是企业总监，被誉为杰出澳洲青年。他外表畸形，可内心却乐观幽默、坚毅不屈，从来不妄自菲薄，热爱生活，并以自己的故事鼓励和影响着身边的人。

　　尼克出生的时候，被诊断为患了"先天性海豹肢症"，手和脚直接连在身体上，没有臂和腿，臀部以下的位置有一个带着两个脚指头的小"脚"，直到八岁时，他都一直活在消沉中。无数次想要一死了之，但是都没能成功。无独有偶，十三岁那年，尼克无意中看到一名残疾人通过自己的努力完成了一系列人生目标的故事。

于是，他开始了生命的重生。

经过长期训练，那个仅存地带着两个脚指头的小"脚"，成了他的好帮手，慢慢地，他找到了各种方法来完成各种对他来说高难度的事情，像刷牙、洗脸、打字、游泳、做运动和其他更多的事情。

从十七岁开始，在一次又一次的巡回演讲中，他用自己残缺的肢体，身体力行地讲述着一个感人的道理：折翼的天使，也可以飞越沧海。

没错，折翼的天使也可以飞越沧海，尼克做到了。

那么，从此刻开始，和那个没有勇气决定自己人生的自己，说再见吧。

嗯，再见，曾经那个不懂得欣赏自己的自己；

嗯，再见，曾经那个多疑、敏感、没安全感的自己；

嗯，再见，曾经那个躲在小小角落里不敢走出来的自己；

嗯，再见，曾经那个依赖着别人最后遍体鳞伤的自己；

嗯，再见，曾经那个不敢做自己的自己……

　　当我们开始试着爱上自己的那些不完美，试着享受自己的性格带来的快乐与悲伤，世界就真的变得海阔天空了。

　　那就让我们带着不完美的折翼，飞越沧海，遇见最美丽的自己。

总有人帮你，不一定是好事

经常听到身边的人哭诉，诉说着自己生活的痛苦和心酸、诉说着对打算依靠一生的男人的抱怨和失望、诉说着自己工作中无人指点的迷茫和烦忧。

你可知道？很多时候，越期待越失望、越依靠越无助？

总有人帮你，不一定就是幸运。

就像很多人说的一样：看完《苹果》发现，男人靠不住；看完《色戒》，发现，女人靠不住；看完《投名状》发现，兄弟靠不住。一心依靠的东西，最后往往变得最不靠谱。

所以，永远都不要寄希望于别人，就算是最亲近的家人和爱人，没有人能代替你参与你的人生。当有一天摊开双手时，你会发现陪你站到最后的，只有自己。

那些年，你为爱流泪、为情伤怀、为背叛刺痛、为选择忐忑、为离别悲痛……你一路哭着笑着走来，你也曾孤独无助，在每一个无人的暗夜，推开夜窗，天凉如水，一如你孤寂的内心，你以为你的人生走到了尽头，没有了期许和快乐。可是，第二天醒来，眼泪结痂，你突然想开了，坚强了，你告诉自己，一切都会过去，幸福终将到来。

是的，你带着自己才懂的悲伤，一路跌跌撞撞，却自己搀扶着自己，站了起来。没有人搀扶的站立，才是最壮烈的重生不是吗？这不，从此，你的人生便多了一份阅历、多了一份沉淀。

因为，只有自己踏过的路，才会成为未来人生的资本。

因此，你也带着结了疤的伤痕，慢慢长大了。

女孩说，迄今为止，她明白的最深刻的道理就是：人生，只能自己帮自己。这个道理，让她的内心孤独了很多年，而慢慢走出了那几年的光阴之后，她才真正成长了。

上高中的时候，因为左脸的一块黑色胎记，造成了她极为严重的自卑心理，她一直觉得自己是一个不受欢迎的丑丫头。那时候，她孤独的内心特别渴望有那么一个人，可以伸出手来给予她鼓励和认可，并能帮助她树立自信。她等啊等，终于有一天，有那么一个人出现在了她的身边。

那是一个邻班的男生，她的心思被男生一眼看穿。男生也许是出于同情、也许是出于好奇，和她越走越近，并试图通过关心给了她很多温暖，从而让她找到了自信。她一度受宠若惊，从起初单纯的朋友，到完全的依赖，最后她甚至发现自己爱上了男生，几乎到了离不开他的地步。

可当她鼓起勇气向男生表白时，男生却一脸无辜地告诉她，他一直把她当普通朋友，希望她不要误会。男生还说，自己未来的女朋友一定是一个漂亮的女孩，言外之意不言而喻。

那一刻，女孩所有的自尊瞬间坍塌，支撑着走了那么久的依靠，似乎也在瞬间毁灭……

有那么几年，她不再相信爱情。

大学毕业后，每当孤单的时候，她首先想到的是，怎么身边没有一群可以海阔天空畅所欲言的朋友？如果有这样一群陪着自己一路哭一路笑的朋友，自己的低落和孤单，也许就不会那么厚重了吧？

尤其是心情不好的时候，多希望有个朋友可以在身边，不需要说太多安慰的话，只要递过一张纸巾或者一个肩膀，任我宣泄依靠，就足矣。

可是，当真的高朋满座后，她又发现有些孤单，不是热闹可以拯救的；有些热闹，过去之后，却会变得更加孤单。尤其是，朋友也有自己的生活，没有谁会围着谁转，也没有谁可以随叫随到的。

就算当自己孤单无助需要帮助时，朋友也许可以听自己诉苦，陪自己吃饭。但是他们只能扮演听众，必要时按照自己的观点开导几句。充其量不过是让自己把心事说出来舒坦舒坦而已。剩下的，还是得自己面对，自己解决。

渐渐地，她想明白了，快不快乐不是别人的帮助能改变的，很多心结还需要自己帮助自己解开。

　　毕业刚工作那几年，初入职场的她总是找不到工作的窍门，看着同事们工作得心应手，事半功倍，可自己事倍功半，始终不能入门，内心一度焦急不安。于是，她一直希望有个贵人一样的人物领她入职场的门儿，及时告诉她这个可以怎样处理，那个应该怎么做。

　　的确有一位导师级的人物出现了，起初在工作中也曾给了她一些帮助。但是，她有所不知的是，这个导师级的同事是一个特别圆滑阴险的人，他帮助她是别有用心。因为她的依赖，给了他利用的机会，在一次特别重要的谈判中，她本来想通过这个同事的帮助来完成一项领导交给她的重要任务，这可是领导第一次这么信任地把工作任务交给她，机会难得。可最后她不但没有得到该同事的帮助，反倒被他抢走了这次难得的表现机会。

　　这件事情对她的打击是致命的，有那么一段时间她甚至开始怀疑人性，不再相信任何人。可是，经过一段时间的痛定思痛后，她终于明白，总是依赖别人的帮助，是一件不幸的事情。

　　人都是这样蜕变成长起来的，终有一天你会明白：成熟的人，不轻易依赖，也不轻易质疑，相信人性的美好，同时具备独立的能力和人格，这也才是真正活明白的人。

要知道，能够决定自己的钥匙就在我们自己手里，别人只是路过时的一个站台和风景，一路走下去的，还是自己的踪迹。人生的路就在我们脚下，想怎样走，想走成什么样，还是需要用自己的心去丈量。

朋友也好，家人也罢，所有的关系只是个体间的互相帮助，在困难时彼此照应，在伤心时彼此安慰，到此为止就是最好的状态了。如果全身心地将自己的依靠交给家人和朋友，也就等于把自己生命的决定权交给了别人，别人如何承受得起我们那么珍贵的生命？所以，这份只属于自己的、沉甸甸的责任，还是自己担负着比较踏实吧。

因为，总有人帮你，不一定就是幸运。

谁会陪谁走过一辈子？谁会为谁负责一辈子？还是在没有人敢回答的承诺里，聆听自己的心声吧。

你就是你自己的英雄

每个人心里都有一个英雄梦。

可是，现实却让心中的英雄梦变得遥远而卑微。

就像有时候，看着曾经一起长大的发小，在某一天，驾着豪车，带着美艳的娇妻，荣归故里。擦肩而过的那一刻，我们都不敢多看一眼，生怕看了那一眼之后，心中的骄傲就会在瞬间被击得粉碎。于是，我们在心里筑起一道自我保护的墙，心里嚷嚷不平，有什么了不起，你再有钱也不过是个土豪，你再耀武扬威显摆赫然，也比不上我的满腹诗书。

暂时的藐视之后，心里还是回到了自卑的底层。自己纵有满腹诗书又如何，也比不上人家的名车娇妻，更加现实实用。孑然一身、一无所有，就像是贴在身上的标签，一次次磨蚀了心中的自信。原先那种自我欺骗的愤慨，骤然被颓丧失落替代，如缭绕烟雾，若有若无地笼罩了心灵。

总觉得，这样的人生，什么时候才能活出自己想要的生活？

男孩说，他从小就有一个英雄梦，总是想着有一天成为自己最想成为的人。可是，从黯淡不出色的童年，再到中学的落后生，让他一度在毕业后想要放弃自己，那种梦想与现实之间的差距，一次次击垮了他心中的英雄梦。

还好，每一段灰暗的岁月都是一场成长的洗礼，风雨后的成熟将是势不可挡的力量，带着他一路披荆斩棘。于是，后来的他开始一步步接近自己的梦想，并且活出了自己想要的人生。直到这时，看着眼前的成就和光环，他才庆幸，那些年的灰暗没有将他内心的激情侵蚀殆尽，心里的那份执念，因为有了那些年，才越发磨砺出了寒光灼灼的利刃。

其实男孩的家境还算不错，身边朋友很多都是一路靠着家人的经济背景飞黄腾达。曾经以为自己的梦想也应该是以这样的方式支撑着走出来的。但是心里的倔强让他不肯低头，心里的光和热从未熄灭，在这个还有资本谈论梦想和拼搏的年纪，他想要带着那份从未遗忘的英雄梦，一直走下去，因为只有这种活法，才能让他活得更像自己。

很多时候，我们都在谈成功，都在写成功，以为只有成功才是英雄。其实，相信自己，你就是自己的英雄，不管成功与否，你都会活得更像自己。那是一种自我搀扶的力量，那样的你即便会被生活击倒，但身体里时刻会冒出一把利刃，就算生活的阴霾再厚，你也早晚会冲破云霄。

看不到希望，就做好眼前的每一件事，一件又一件事累积起来，便成就了希望。有时候不是生活让我们寸步难行，而是我们已经长了翅膀，却不相信自己能够飞翔。

所以，无论如何都不要否定自己，更不要把生活的选择权交给别人。手里攥着属于自己的剑一路向前，就算得不到自己想要的生活，还是走在了属于自己的路上，领略到了只有自己才懂的风景，不是吗？

毕业，是一件兴奋而又让人充满恐慌的事情。风自从毕业就一直处于极度焦虑的状态中，对人生总是患得患失。和大多数年轻人一样，不知未来在哪里，过着重复的生活。

也许每个人都曾有过这样的经历，不敢去想明天会发生什么，在梦想和现实间挣扎，从小放在心里的英雄梦，似乎永远只是个梦而已。

大学毕业时的风，用身上仅有的几百块钱租了一间地下室，就开始忙碌地往返于各种招聘会，可是一直都没有找到自己满意的工作。身无分文、居无定所、事业无成，心里那种无法言喻的压力让他喘不过气来。

尤其是当父母问及工作的事情，风有些无颜以对。想想父母多年的培养，本是望子成龙，可他们如果知道自己是如今这般境况，该是多么的失望。所以，风大部分时候都是压抑着心中的苦闷，违心地报喜不报忧。从那一刻起，他才真正明白：一个人在实现英雄梦之前，是要付出怎样的艰难和无奈啊。

就算再艰难，生活还是要继续的。

第一份工作，每月的薪水只有一千多，可就是这样的待遇，已经让风欣喜若狂了。月底发工资时，手里揣着那点儿少得可怜的钱，风对自己说：终于可以交房租了。

随着工作经验的增长，他的生活质量也越来越好，至少可以住在有阳光的楼房里，吃得起自己想吃的美食。然而，心底关于那份遥不可及的英雄梦，却越来越焦虑。

看着身边的人升职加薪，事业做得风生水起，还有人买车买房娶了娇妻，每个人的脚步似乎都比自己跑得快。这摆在眼前的赤裸裸的差距，让他心如刀绞。

就连身边的女友，都因为自己的落魄而满腹委屈。风慌乱了，他所憧憬的那些未来，越发变成了一个遥不可及的梦，于是，他开始怀疑自己的能力，否定自己的人生。

就这样过了一年多。有一天，他忽然想明白了：不能再这样颓废下去了，成功只有自己能给自己，继续下去的勇气也只有自己能给自己。

为了尽快调整好状态，忘记过去重新上路，他不再将自己与身边的人比较，那些只会平添他的自卑。现在唯一要做的，就是恢复自信，相信自己，做好自己，就可以了。

努力的工作总有回报，每天的早出晚归，让他忘记了所有的忧虑，甚至忘记了自己的梦想。从一个个不被看好的小订单，再到一个又一个大客户，一路走得虽然艰辛，但是也让他看到了自己的能力，这无疑给了他莫大的鼓励，治愈了他心底一直以来都存在的不自信。而且，在和每一位客户打交道的过程中，也让他见识到了更多的知识和领域，更为他的事业拓展出了很多的道路。

随着业绩的突飞猛进，他终于坐到了经理的职位。

是的，他终于明白，每一个英雄梦，都是靠着自己的奋斗和努力得来的，只要相信自己，你就可以成为自己的英雄。这不，他已经成功了，有车有房有家有爱有事业，他已经不再是从前那个一无所有的自己了。

他相信，只要还有信心，每一个梦都有实现的机会。

要永远相信，美好的事情即将发生。属于你的，一部分已经拥有，一部分还在来的路上，更多的就在此刻的把握中。相信自己，你就是自己的英雄，把自己想象成一块方糖，融在哪里，哪里就是甜甜的希望。

竭尽全力，从不依靠，从不寻找

　　三毛说过，这一生，她只想做一棵树，站成骄傲，没有悲伤的姿势，就算散落阴凉，也要沐浴阳光，无论在土里还是空中，都要安详飞扬，从不依靠从不寻找。

　　从不依靠，从不寻找，是一种遗世独立的气质。

　　生活的路上，总有一些时候，困惑了，委屈了，失意了，受伤了，也曾想过寻找某种依靠得到解脱，到最后却还是泪流满面的微笑，然后自行痊愈。父母朋友亲人，能给予的只是建议和劝慰，可是路还是要自己走，最终还是要靠自己走出一段又一段人生的阴影，最终自己慢慢释然。

　　一个在年少时被双亲遗弃、在青春时又频频失恋的女孩说，那些年她一度困惑无比，不知道自己到底该相信谁，该相信什么，眼前的未知成了一种恐惧，甚至连当下的生活都被盘踞在心头的未知所左右。

　　那个时候的她，需要帮助，需要依靠，就连别人虚伪的承诺，在她眼里都是那么的可贵。而当有一天，她发现别人的帮助不过是对自己变相的利用之后，她心如死灰，在那一刻，生活在她的眼里也变得可笑而可耻。

后来很长一段时间，她都感觉自己置身生活的浓雾中，不知何去何从，盲目地被自己的潜意识牵引着，摸索着，步履蹒跚。很多时候好像人生就注定是这样，冷了，凉了，淡了，荒了，没有希望了。

可是，生活总是要继续的，不会为谁而等待停留，所以，她告诉自己，要爬起来，去追赶，去竭尽全力快乐地活着，为了自己……

终于有一天，她发现，生活在快乐追逐的过程中，呈现出了不一样的风景：她发现自己不再抱怨，而是开始感谢那些曾经设下路障和陷阱的人，感谢那些年曾经伤害过她的人，因为有了他们，她才会坚强地靠着自己走下去，再艰辛也不后悔。

因为，在这世上，我们都是一个独立的个体，所以我们要做一棵坚强的树，从不依靠从不寻找。

那是一个没有月亮的寒冬的夜晚，西安的街头雪花纷飞，几乎看不到人影，来西安没多久的他，因为找工作屡屡受挫，百无聊赖地独自走在街头。

华灯绽放，他看着每一个温暖的窗口透出来的亮光，有些落窦，他不知道什么时候自己也可以在这座城市有一间属于自己的屋子。心里那股不服输的劲儿，给了他无限的力量，他告诉自己：别人能做到的自己也一定能做到，靠着自己的努力，他终有一天会成为自己想成为的那个人。

小时候，他家的条件并不好，高中毕业原本想考大学的他，得知父母已经没有多余的钱再供他上学时，他彻底放弃了继续读书的想法，进入一家服装厂打工，成了一名仓库管理员。每天在幽暗的仓库清点货物，做着琐碎工作的他，心中从来没有忘记自己的梦想。后来，经过朋友的介绍他来到一家设计公司打杂，要知道，在大公司打杂要忍受多少白眼，要承受多少无情的鄙视和领导的呵斥，但他总是尽心尽力地把自己该做的每一件事都做好。

靠自己的努力，总是会有回报。一次偶然的机会，公司的一个大客户发现了他在室内设计方面的天赋，于是建议公司的老板多多关注和培养他。老板听了客户的建议后开始注意他，发现他虽然没有专业的学习和培训经历，但是的确有着惊人的设计才能。

在老板的鼓励和支持下，他在公司一边打杂一边学习设计基础。这是一个漫长而艰难的过程，为了报答老板的知遇之恩，为了不让老板失望，他需要在做好自己平时的本职工作之外，抓紧时间学习设计。可想而知，那一段时间，他早出晚归，有时一天甚至只睡三四个小时，他知道，必须把握住这难得的机会，去学习自己这一生该学的东西。因为，一个没有家世背景的人，想在社会中拥有自己的一席之地，谈何容易？

竭尽全力，唯有靠自己……

经过两年多的努力，他终于从打杂工做到了设计师的位置上。那一刻，他知道，自己曾经留下的所有汗水和眼泪都是值得的。

也许是上天有意眷顾他。出色的工作让他的业绩每日剧增，于是，老板把公司唯一出国深造的名额留给了他。背着理想的行囊，踏上飞机的那一刻，他人生的春天已经到来了。

就这样他走进了全世界最好的设计学院。这一次他成功了，后来凭借着各种精湛的设计作品，赢得了无数的奖项，成为中国颇有名气的设计大师。

在接受一次专访时，主持人问起他的成功经历，他说："记得小时候，家人常常告诉我，这个世界上，你唯一可以依靠的只有自己，这句话一直激励着我直到如今。"

没错，靠自己。他一路走来，靠自己，他在追逐梦想的艰难行程中，飞得更高、更远了。

人生的路，总归还是要自己安静地走完。

一个人走路，一个人思考，一个人承受，一个人坚强，一个人努力，自己去经历生命的过程，知道生活背后不变的艰辛，以安静平和的心灵去体验生命中的孤独和痛苦。当有一天我们从悲痛中走出来的时候，自此，人生便犹如灿烂的夏花，温暖恬淡，透彻明亮。

只要心足够明媚，小小的阴霾又有何妨。林徽因说：温柔着微笑，但不是妥协，我们要在安静中，不慌不忙地坚强。

安然端坐在岁月的一隅，沉潜在一个暂时不被人打扰的地方，把那些不堪回首的人与事，散落在岁月的最深处。从此，任他风云烦扰，心中也无风雨也无波澜。静静地，享受一个人的春花秋月，闲闲地在安静中，走过自己的人生。

没有任何一个人可以对我们的人生负责任，唯一该负责任的只有自己。所以，请竭尽全力，从不依靠从不寻找，只为自己，努力地绽放……

那些让人痛苦的，必是让人成长的

　　成长的路上，也许有那么一段时光，心里忽然会觉得很绝望，仿佛全世界都背弃了自己，活着的全部意义就是承担屈辱和痛苦。这种痛苦，好像一夜之间，就打破了原本无忧无虑的生活，世界刹那间就改变了原本美好的模样。

　　每一次伤痛，都是成长的支柱；每一次挫败，都是成熟的积淀。生活中，每一段蜕变的人生路上，都有一段痛彻心扉的时光。那一段时光，付出了很多努力，却没有得到期许的回报；忍受了很多孤独和寂寞，却看不到原本想要的结果。无从抱怨也不愿诉苦，心里的痛只有自己知道。

　　于是我们咬着牙对自己说，没关系，很多人都是这样长大的，不是吗？

　　一个女孩说，大学毕业那年，妈妈重病，因为父母离异，自己又是独生女，于是连续几个月白天跑医院，晚上准备论文，每周还得打两份工。后来妈妈陷入昏迷不能自理，在 ICU 定时查看，那段时间我告诉自己，我一定要帮助妈妈醒过来，妈妈是我唯一的亲人，有妈才有家。可是不管我怎么努力，妈妈还是离开了我，绝望的我一声都没有哭，硬是把眼泪吞到肚子里。后来好不容易伤痛渐渐平息，却意外发现男朋友劈腿，失去亲情爱情的我，那一刻突然万念俱灰。不久后，朋友们从天南海北飞来看我，于是在最难过的时候遇到了现在的男朋友，他那么疼我，他说："以后请让我来照顾你"。我知道，痛苦的阴影背后就是阳光，我终于等到了我的春天。

一个男孩说，最艰难的时候是家里因为生意破产的那段时间，一贯养尊处优的我，忽然断了所有的经济来源，光那种落差就足以把我的自尊击得粉碎。不但如此，而且我还必须在家里落魄的时候像个男人一样扛起所有的责任，以后的一切都要靠自己去拼搏努力了。于是，在外地打工的我想尽一切办法节省，坐火车赶夜路、在饭店刷盘子、到建筑工地扛水泥、洗浴中心蹭睡……有一次因为挤公交钱包被偷，大冷天身无分文，无奈之下给家里打了电话，爸爸赶来看我，带我去吃了好久都没有吃过的荠菜饺子，记得当时我一边吃一边哭，暗自发誓将来一定要让家里的日子变得好起来。后来，父亲的生意有了转机，家里的日子也越来越好了，重要的是，经过那段痛苦的日子，我已经长成了一个真正懂得担当的男子汉。所以，很感谢那段人生中最灰暗的时光，让我这个不食人间烟火的"富二代"有机会体验了人情冷暖，历练了自己的承受能力，并切断了依赖别人的想法。

没错，每一处生活的创伤，都是一场精彩的蜕变，虽然过程痛苦无比，但是咬着牙挺过来后，生命便真正变得丰厚而宽广。岁月这座站台，总会有人来，有人走，有了宽广的心境，自然就能承载这熙来攘往的悲欢离合、潮起潮落。你来时我笑颜绽放，你走时我心情如画，因为经历了太多的人生浮沉，看惯了伤过了也便释然了许多。

这就是成长中的痛苦，拓宽了我们的眼界，也坚强了我们的内心，让我们明白，那么苦的日子都挺过来了，还有什么是我们不能面对的呢？

小念生活在一个特别传统的家庭里，爸爸妈妈希望她的一生简单而安稳，顺利地读大学、结婚、生子。可是，不知道什么时候，小念的心里忽然就萌生了一个自己都没有想到的想法，于是她坚定地告诉父母：她要跳舞，也许是因为女孩独有的爱美之心吧，她特别憧憬能穿着漂亮的舞蹈裙，在舞台上优雅旋转的感觉！

于是，她走进了舞蹈学院，可是她不知道自己的这个选择，改变了她的一生。

从进入舞蹈学院开始，生活就改变了最初想象中美好的模样。

在舞台上飞扬的美好画面退到了生活的远方。而眼下每天的生活，都是残酷的半军事化管理，基本功都是从每天早上的跑步开始，无休止的跑步跑步……到后来有一次她居然跑到吐血。接下来是压腿、踩胯、折腰，反反复复单一的动作，倍感枯燥。对于一个正在爱玩爱闹时期的少女来说，乏味的训练无疑是一种残酷的考验。

那个时候的小念，每天拖着一双在练功中被疼痛折磨得麻木的双腿，一次次在艰苦的磨炼中坚强，她的心智也在无数次的生理挑战中得到了升华。

终于，她带着满心的憧憬站到了梦寐已久的舞台上，可是，舞蹈并没有想象中那样为她带来美的体验。那是在一次舞台剧的排练中，小念需要完成几个高难度的动作，第一次排练特别完美，可是在做最后一个动作时，脚踝骨发生了挫伤，剧烈的疼痛让她不由得流下了眼泪。可是倔强的她坚持继续排练，因为受伤带来的动作障碍，这一次她的小腿韧带严重拉伤。紧急送往医院后，医生告诉她一年之内不能再跳舞，喜爱舞蹈的小念还是止不住地伤感落泪。之后，她不顾身边亲人朋友的反对，选择了高强度的康复训练，咬着牙坚持了半年的时间，她的腿奇迹般的康复，这是她自己都没有想到的事情。

可是就在一年后，一次舞蹈比赛中，小念再度受伤。那一天原本在舞台上自信飞翔的她，却意外地扭伤了膝盖骨，落寞退场之际，她本以为没有大碍。可是第二天早上起来，她的脚已经肿得穿不上鞋子了，去医院拍片才发现发生了严重的骨裂。骨裂之后，小念不得已退出了比赛。她永远记得那天，在电视上看到对手们夺冠时相拥欢呼的场景，她知道如果不是因为自己不小心造成的腿伤，也许夺冠的就是他们的团队。

每一次受伤的时候，小念都会抱怨上天的不公，但慢慢地她领悟到，正是这一个又一个伤痛，自己才真正地成长了起来。

这是一种生命不断更迭的力量，说直白点就是每个人成长必经的疼痛。在疼痛中从人生低谷走过来之后，今后无论面对任何压力和失败，想必自己都能挺身面对了。

如今，小念每天还会不断地进行基本功练习，但是她早已适应和习惯了这样的生活，再不会像以前一样看成不可忍受的折磨了。

现在的舞蹈状态，小念非常享受，她知道舞蹈不再是以前想象中那种不切实际的空灵的美好，而是一种信念，甚至是一种人性的约束和坚持，因为爱一种职业就像爱一个人一样，不是简单的拥有，而是一种责任中的约束，不能再随心所欲地做自己，而是无论如何都会坚持着把一件事情做到底。

年轻时候的她更多考虑到的是自己的虚荣和荣誉以及如何赢得大家的认可。而后来，经过无数次的历练之后，她愈发认识到一个舞者应该有的承担和责任。不光要给身边的学员们树立榜样，彼此团结协作，还要让更多观众看到她要表达出来的艺术语言。

她知道，自己长大了，是一种真正的生命的蜕变。

蝴蝶的破茧必然经历刺骨的疼痛，但疼痛之后便是翩翩起舞的美丽。人生中，每个人都会经历一些难熬的时期，每一次的痛苦，都是一次蜕变，都是一次成长。伤心过，流泪过，我们也在痛苦中学会了承受，学会了强大。

于是，我们将最痛苦的日子，熬成了最美妙的日子，而那些本以为过不去的日子，却塑造了一个更好的自己。

有阴影的地方，才有光

我们的一生，总会有过那么几片阴云，投影在心间。心忽然之间，就暗了，好像只剩下阴霾。忘记了，阳光的味道、阳光的位置……好像这一生，就要这样黯淡下去了……

忽然心里有个声音传来：嗨，你站在自己的阴影里，转过身去，有没有看到阴影背后的阳光？

是的，站在阴影里的那一刻，就忘记了背后的阳光。

曾几何时，我们似乎对阴影有了一种特殊的恐惧感，每当打开灯，每当那道长长的阴影投射在墙上，我们便如僵化了的雕塑，久久凝视那阴影，久久不愿挪步，久久走不出来，一心被痛苦恐惧缠绕，忘记了只需要一个转身。一个转身而已，就能在另一面中找到希望的光源。

某纪录节目中有这样的一个场景：一只屎壳郎，踉踉跄跄地推着一颗粪球，在坑坑洼洼的沙土上奔走着，它巧妙地绕过石头和土块，自信地向前滚动着。

只是它没有发现，在前方的不远处，一根细细的小木桩横亘在路面上，根部很深，但是顶部尖锐，是个危险的家伙。命运总是充满戏剧性，屎壳郎推着那颗粪球，不偏不倚地正好一下子扎在了这根"木针"上。

然而，屎壳郎似乎并没有意识到困境就在眼前。但是它发现自己一直推着的粪球被什么东西绊住了。它又努力地往前推，还是纹丝不动。于是它想办法抛开了周围的土块，试图已扫除障碍的方式解决问题，但粪球依然坚不可摧地扎在木头上，不肯离去。

本以为这样一个弱小而愚笨的动物，此时此刻是不可能再有更好的办法来解决这么大的一个"难题"的，接下来不过是失败之后的黯然离去罢了。可是，出乎意料的是，它突然转到了粪球的另一面，轻轻一顶，咕噜一下，粪球便顺利地脱身而出。

它赢了，没有做任何停留的它推着粪球继续前进。那么卑弱的动物，都能够转过困境阴影的另一面，找到新的希望并冲出困境。一只小小的屎壳郎，感动启发了整个人类，不是吗？

从阴影的这一面转到另一面，必是无限光芒……

生活就是一条不断被阴影笼罩的路，尽管那一刻心中满是惶惶不安，但是，我们还是被生活推着不得已地走了下去，走得过去，是生活；走不过去，也一样是生活。

生活容不得我们站在原地悲伤，出来混，迟早是要还的，那么与其踌躇不前，不如像屎壳郎先生一样，转到粪球的另一面，只需轻轻一顶，困境便毫不费力地过去了……

　　一直以来，她都是一个品学兼优的好学生，从小学到高中，成绩一直名列前茅，高中毕业，她考取了北京一所重点大学，在校期间也是数一数二的学霸。大学最后一年，一家知名企业到她的学校招聘时，一眼就看中了才貌双全的她。她满怀欣喜，只等着毕业后进外企工作。

　　可是，美好的人生总会有那么一丝不完美，就在毕业前一个月，她因为帮助好友替考而被举报。这在大学里是破坏校风校纪的大事，尽管一向学习优异的她深得老师同学的喜爱，但最后还是予以开除学籍勒令退学的处分。

　　这样的结果对她来说如同五雷轰顶。那段日子，她整个人痛苦到精神恍惚，不吃不喝一言不发。闺蜜天天陪在她身边，生怕她一时想不开而做出什么疯狂的事情。

　　眼看着她一天天消瘦下去，家人的安慰一句都听不进，脸上的阴霾也越来越厚重。一天，闺蜜过来，二话没说，一把把她从床上拽起来，将一张写满了痛苦的纸放到她的眼前说道："我知道你现在非常痛苦，我也很理解你的痛苦，现在你的心里就像这一张纸一样，写满了痛苦，我们打个赌，我可以把这张写满痛苦的纸撕得粉碎，但是五分钟内我就能把它拼好。"

她不相信地摇了摇头，只见闺蜜笃定地一下一下把纸撕成碎片，放在书桌上，书桌上霎时堆满了碎纸片。闺蜜坐下来，不慌不忙地拼了起来。果然，用了不到 5 分钟，就拼好了。

她看着那些奇迹般被拼好的写着"痛苦"的纸，惊呆了。

闺蜜趁热打铁地对她说，"不用惊讶，很简单，你看，把纸翻过来看，我在纸的背面写了硕大的两个字'快乐'，两个字充满整张纸，拼的时候翻过来，看着'快乐'的样子拼，这样，很快就可以把它拼好了。"

"虽然那一面是满满的痛苦，但是它还是抵不过另一面那个大大的快乐，忽略痛苦的背面，就可以拼起来一个大大的快乐！现在的大学读不下去了，但是读大学的方式还有很多，你不是一直想出国深造吗？那我们就一起申请去英国读书，也许这是未来更好的出路呢？塞翁失马焉知非福，你说呢？"

她如梦初醒豁然开朗，用力地点点头。

就像一幅励志漫画里，正面是一个人泪流满面的样子，但是把画翻到背面看，不可思议的是，正面本是泪流满面的脸，一下变得笑容可掬了。

从绘画的角度来看，同一个物体，从正反两个面来观察，看到的效果是不同的。很多时候，阴影并非如我们想象的那样好像永远都过不去，在伤心落泪的时候，在痛到无法呼吸的时候，不妨转过身来，原来，阴影的背后，就是无限光芒。

不是吗？那些令我们哭、令我们伤心的事，哪一次不是在生活的裹挟之下，带着我们跨过沧海桑田，在千回百转之后，为我们的人生迎来新一轮的飞越。无痛不成长，谁又不是在阴影中蛰伏着强大起来的呢？

一个转身，只需一个转身，转过阴影，你便可以看到光芒，哪怕只是一道微光，也会灿烂了人生的旅程。

太过依赖，是因为安全感的流失

一直以来，我们都是缺乏安全感的人。

那些没有缘由的害怕和担忧，那些莫名其妙的猜测、误会和不信任，那些患得患失的烦恼，我们都曾体会过。害怕失去、害怕错过、害怕伤害、害怕背叛、害怕来不及、害怕等不到……

因为害怕，安全感渐渐流失，我们才会不断地寻找，寻找那个可以依赖的人、寻找那些可以依赖的事。一旦找到了便紧紧地握在手里不肯再松开，好像绝望中攀附在手里的藤蔓一样，可以让我们在命悬一线的时候，得到最及时的保护。

她是一个常为安全感而焦虑的女人。结婚时她就已经感觉到自己与丈夫之间的差距，她一度很担心这种差距会让他们以后的婚姻地位产生太大的悬殊，但是因为爱，她还是选择了嫁给他。婚后两年的时间，老公就已经成为年轻有为的经理人，而她，依然还是那个只有大专学历的家庭妇女。最难过的日子，是看着老公身边美女如云，莺莺燕燕，她的心里七上八下，仅存的安全感一度崩塌，唯恐老公一不小心"落入他人囊中"。为了捍卫自己的爱情婚姻，她对老公严防死守，利用每个担心丈夫出轨女人的惯用方式，监视着老公：要求老公准时上下班回家，手机 24 小时开机，每天回家报告一天的行程，要求老公工资全部上交，不准老公有任何异性朋友……最终，她的老公因为无法忍受她的"控制"，与她分道扬镳。

而另一个女人，似乎要聪明得多。女人的老公也是典型的高富帅，他们结婚前他就是被许多女孩倾慕的对象。在很多人的眼里，她根本配不上他，可是他们的婚姻却幸福至极，尤其是儿子出生后，丈夫更是死心塌地地爱着她，尽管她一直以来就是一个其貌不扬的女人。一次闺密忍不住问她是用什么办法魅惑了老公的心，让他甘愿一心一意地守护着她。面对闺密的疑问，她笑了笑说："我知道他是一个优秀的男人，但我认为自己也很优秀啊！我不觉得我嫁给他是一种攀附，反而我很自信地认为，他娶了我是他的福气，论长相，我虽不是美女，但我靠自己的修炼，做到气质优雅；论事业，我不一定是女强人，但是我靠着自己的努力做好现在的工作，我也不差啊，他有我这样一个兰心慧质的老婆，还有什么理由心猿意马呢？"

充满信心经营着婚姻的她，无疑是有智慧的。无论婚姻也好，友情也罢，世间事都是如此，当一个人的依赖剥夺了心里的安全感，或者是因为安全感的流失而不得不依附，最后的结果只能是自我的丧失。一个没有了自己的人，如何把握自己的幸福？又如何能给予别人幸福？

所以，当我们绞尽脑汁为自己囤积安全感时，或许应该问自己：真正的安全感到底来自哪里？

其实很多时候，对别人的依赖并不是真正的安全感，真正的安全感来自于内心对自己的认可，这无疑是一种吸引别人的魅力。那种自我气质的提升、伸手投足间的优雅、自信淡定的微笑、经济人格的独立，都是一种潜在的安全感。这样，无论人事如何沧桑变迁，自信的我们始终不会有丝毫的惧怕。"我的安全感我做主"，这才是最能托起自己的人生的豪言壮语。

青青是个家境不错的女孩，是个秀外慧中的大家闺秀，追求者络绎不绝，而他只是其中最不起眼的一个。记得那些年追她的人们，渐渐地都因为受不了青青冷淡的态度，而纷纷退场，只有他始终不改初心，尽管青青在他面前一直矜持地保持着高冷的姿态，两年来连牵手的机会都没有给他，他却一直以最深情的姿态，守望在她生活的每一个角落。

一开始青青真的不是很喜欢他，但随着时间的推移，她发现自己已经习惯了生活里有他的存在了。她习惯了每天早上一出门，就看到他送她上班的身影；习惯了每晚他送她回家，彼此道晚安的温暖；习惯了他在雨雪天撑着油纸伞为她遮风挡雨的安全感；习惯了他在每一个情人节都会如约送来的玫瑰花……后来，青青终于被他打动，做了他的妻子。

结婚初期，他对她百般呵护，照顾的无微不至。即便吵架，始终都是他让着她，她认为自己找到了一棵能为自己遮风挡雨的大树，从此便是岁月静好的人生。可是随着丈夫工作越来越忙，随着升职加薪，他在家里待的日子越来越少，常常是没完没了的应酬。本来就不独立的青青，受不了一个人的孤寂，经常和丈夫发生争执，最终丈夫让步了，不久之后便为了她换了一个清闲的工作。每天准时上下班的丈夫有了更多的时间陪伴她，她觉得日子好过多了。那段日子他们经常一起散步看电影，还经常请假出去旅游。这样的日子给青青带来了很多踏实感，内心也感觉越来越安稳。

就在她以为已经把婚姻安全地把握在自己手中时，丈夫却告诉她公司将他的工作调到了英国。一时间，青青的心忽然又跌倒了不安的低谷，她担心分居有可能带来的情感裂痕，害怕一个人独守空房孤枕难眠的寂寞。一想到丈夫走后，她有可能要面对的种种无助，内心就变得抓狂而不安……她笃定地认为，一旦长时间的分开，丈夫毫无疑问会爱上别的女人。可这次不知为什么，就算青青百般求丈夫留下来，可丈夫不再愿意，一副誓不回头的样子。

因为一直以来是独生女，再加上父母从小的倍加呵护，因此青青一直是个极度缺乏安全感的人。尤其是结婚后，她就像一株攀附在大树上的藤蔓，一心依赖着丈夫，丈夫成了支撑她生命全部意义的一片天。在她的心里，曾经的骄傲早已一去不复返，只剩下了卑微的依赖和等待，好像没有他，自己的世界就不再完美似的。可惜的是，丈夫这次还是不顾她的感受去了英国。

丈夫刚离开的那段日子，青青整天郁郁寡欢失魂落魄。但痛定思痛后她开始了深刻的反思，发现婚姻已经让她完全失去了自己，太多的依赖让她的安全感荡然无存。虽然一直以来自己都是一个没有安全感的人，但婚前，至少还能为自己创造快乐，将自己的生活安排得丰富多彩，而那种自信快乐的感觉，是自己给自己的。

于是，青青决定重新调整自己的状态：她参加了舞蹈培训班，重拾结婚前的爱好，锻炼形体的同时还能强健身体；她开始联系以前的闺蜜们，重新回到结婚前的社交圈子，和她们一起参加各种聚会。她努力让自己的生活变得充实丰富起来，不再只是家庭和丈夫。

渐渐地，她发现自己越来越自信，不再渴望依赖，不再患得患失，心里也不再充满不安全感。

她知道，越依赖越没有安全感，只有自己变得越来越自信，才有力量守住想要的幸福！

　　没错，你若盛开，清风自来。

　　我们把人生交给了他人，目光就会定睛在别人身上，依赖会越来越多，要求也会越来越多。要求太多，爱就会变质，要求太多，自己就会不快乐，要求太多，不是你因为得不到而抱怨，就是对方因为给不了而退却。这个世界没有谁离开谁不能活，只有谁离开谁，谁会活得更好，谁会活得更精彩，那才是真正的本事。

　　从别人身上求来的依赖，总有一天会变质。失去的太痛，是因为依赖得太重，我们太渴望那份依赖，才会有如此大的打击。

　　自己给自己安全感，才是不变的相依，因为我们并非不爱他人，只是不要在依赖中彼此挫伤。

我的人生我主宰，我的人生不将就

电视剧《何以笙箫默》里有一句经典的台词，叫"爱不将就"，一度被评为年度"最豪情壮语"的爱情誓言。

其实何止爱情，人生本身就应该是一段"不将就"的美好体验。

有时想来，人生真的很短，短得还来不及"沸腾"就已经过了半生。那么短的时光，为什么要那么草率地就把自己交代了？为什么不抓住每一次可以自己做主的机会，不去将就别人，就那么率性地自由而过，行走在自己看来美得冒泡的生活里，哪怕当初那一次次的抉择换来的是无疾而终，换来的是终不如愿，也是一种酣畅淋漓的无悔，不是吗？

她们是一对闺蜜。

小乔在大家的眼里似乎是一个天性愚笨的女孩，而小麦却一直是大家眼里的小神童。她们从小就在同一所学校读书，每到期末，小麦总是拿着全校第一的成绩一脸骄傲地走在前面，而成绩平平的小乔只能黯然神伤地走在后面。小乔的存在，似乎就是为了衬托小麦的优秀。

　　小乔骨子里是一个倔强的女孩，她知道自己并没有天资聪慧的优势，但是却很清楚自己想要什么，想做什么。考高中时，拮据的家庭条件一度让小乔的母亲焦头烂额，可就是那年小乔偏偏没有考上，母亲乘机劝她退学回家找工作。面对母亲的劝阻，小乔努力地捍卫着自己的梦想，她告诉母亲，她要读书，她不能放弃一直以来放在心底的那个梦。面对小乔的执着，母亲心软了，同意她继续读书，小乔欣喜若狂！

　　读高中的那段时间里，她除了发奋努力学习之外，还报了学校的美术班，她知道成为一名艺术家，是自己一直以来藏在心底的一个梦。这个梦，她从未向任何人提及，她知道，大家眼里笨拙的她，无论梦想有多美，都会成为别人口中自不量力的嘲讽。但是，她不想因为别人的评价而将就自己的人生，于是她还是执意进入学校最好的美术班学习画画，她知道那样她能学得快一些。

　　高中三年，她的文化课依然落后，但是她在绘画上的天赋却令所有人都大吃一惊，当时的老师曾经断言她将来会是一个绘画奇才。高考如期而至，她因为落后的文化课而落榜。于是，现实将她读大学的梦想远远地隔在了象牙塔的门外，那年，她无奈之下只能选择了一所当地的普通院校。

　　再看看天资聪慧的小麦，高考选择专业时，为了成为人人羡慕的外交官，她狠心放弃了自己喜欢的设计专业，报考了外语学院。

其实，小麦很清楚，外语并不是自己的强项，更不是自己的梦想，但是只要身边的亲人愿意，只要能成为别人眼里的骄傲，自己的人生完全可以为了取悦别人而将就。于是，聪慧的小麦顺利考入了全国闻名遐迩的外语学院。

那时，读重点大学的小麦，总是自以为是地为那个她眼里不够聪颖的闺蜜小乔规划未来，小麦不止一次地告诉小乔：人要有自知之明，不要跟自己的天资和命运抗衡，毕业后，赶紧找一份工作平平稳稳过一生就行了。而且临近毕业，没有经过小乔同意，小麦就托人在老家为小乔找到一份她认为合适的职位。可小乔却坚持没有去，她很坦诚地告诉小麦，不想自己的一生就这样将就，她说自己还年轻，她要为自己的梦想赌一把，她决定去考美院的研究生，那样才是自己想要的人生。

那一次，两个闺蜜第一次发生了争执。在小麦看来，考研不是那么简单的事，尤其是对于各方面都没有优势的小乔来说，考研就是浪费时间。可是小乔的一句话却让小麦无颜以对，小乔说，让我趁着还有时间、有精力去为理想奋斗的时候，搏一次吧，我不想成为第二个你，为了别人而将就自己的梦想。

小麦第一次感受到了小乔身体里迸发出来的，那股无形的力量。

当小乔再次出现在小麦面前时，小乔瘦的只剩皮包骨。小乔说，为了考研她拼了，一天只睡三四个小时。现实从来都不会屈服于梦想的坚持，一年后，小乔拿到美术学院研究生录取通知书时，身边的亲戚朋友都惊呆了：这不是那个一直以来自卑笨拙的女孩吗？怎么就考上了呢？

研究生毕业后，小乔很顺利地留在了美院做了教授，因为出色的绘画天赋，还经常在全国各地举办画展，不久后就成了小有名气的画家。只是因为多年的求学生涯，婚姻大事被慢慢地耽误了下来。家人为此特别着急，可小乔却依然悠闲自得的样子，家人好友不断催她去相亲，给她物色对象，可她却一副不动心却胸有成竹的样子。母亲急了，逼着她赶紧凑合找一个就行了。可是小乔却说，找老公不是买衣服，绝对不能将就。

于是后来，小乔真的风风光光把自己嫁了。老公不光是一个阳光俊朗的男人，还事业有成。结婚那天，小乔和小麦依依不舍地躲在屋里说着悄悄话，小乔告诉小麦，等了这么多年，她终于等到了自己的白马王子，经过这么多事情之后，她也终于明白，人生只要不将就，就一定能等到自己想要的好结果。

小麦听后怔住。想来自己那段将就的人生的确不快乐，当年读大学时，选了一个自己不喜欢的专业，整个大学生活过得麻木而煎熬；毕业后，进了一家专业不对口的单位，每一天，工作成了无尽的折磨……小乔却与自己相反，在她不将就的人生里，她活得幸福而满足……

没错，在不将就的人生大戏里，我们才能成为自己的主角。

一位经常出演配角的女演员说，"我可以少出镜，但就算是配角我也要全力以赴地演好我的角色，哪怕是一个最微小的角色。因为无论站在哪个舞台上，我都是我自己的主角，永远都是。"

因为在人们的习惯认识里，主角就是大人物，配角就小人物，但实际上，一部戏里永远没有大小角色之分，也没有主角配角之分，有的只是属于自己的台词、自己的风格、自己的戏份。就像在人生的每一件事情上，无论何时，我们有的永远都是自己的梦想、自己的生活、自己的心。

是的，我们的人生无关别人，为什么要因为别人的意愿而改变它原本的行走足迹呢？

不将就，就是最好的生活形态。

第四辑

别让怯懦毁了超越自我的潜能

让我任性地出走，疯狂地行驶在自己的路上

不可否认的是，有时候，我们活得很怯懦。

就像一个曾经在青春迷茫期挣扎了很久的女孩说过的一句话：有时候我很孤独，怯懦的不敢做任何一件我想做的事情，不敢决定自己的人生，那一刻，我觉得自己活得很窝囊，封闭在畏缩和逃避中，人生的价值也变得不再昂贵，我特别想逃出这座无形的围城，来一次任性的出走！

没错，人生总需要一次任性的出走，去做自己想做的事情，以疯狂的姿态行驶在自己的路上！

男孩说他在年少叛逆期的时候，最大的梦想就是能有那么几次义无反顾的"任性出走"，背着简单的行囊，暂时挣脱从小到大备受呵护的各种依赖，去勇敢地冒险，去挑战自己，去做以前想做却从不敢做的事情……

于是在二十岁那年，他背着行囊，不顾家人的劝阻，开始了一个人的旅行，他知道，现在如果不趁着年轻，去任性地出走，疯狂行走在自己的路上，那么以后就有可能再也没有这样的机会了。

"行走"一词对于他来说，不是漫无目的流浪，而是一种自我挑战，是一种成长的阅历，是一种超越自我的突破，他要向自己证明，他有勇气独立去完成一件别人看来无法完成的事情。

每个人在人生的道路上都有着自己看来最重要的幸福和追求，比如，有的人觉得人生的意义就是奋斗到有车有房有存款；有的人觉得人生就应该按照常理，按部就班机械般地工作和生活……而在他看来，生活，就应该是一腔热血，为了梦想而行走的过程，尽管会有"叛逆""任性"的标签被贴在他身上，但是他知道，当备受批判与争议时，他坚持的，是独立生活能力的自我培养。

是的，他知道，人生有很多事情，需要有独立能力去面对和完成。丧失了独立，生活的幸福就会在不断的犹豫不决中一次次错过。

想清楚自己为什么要做一件事情，他就开始了人生一次次的"出走"。那些时光里，他一个人走过很多地方，睡过机场，火车站，长途大巴……尝试过鲁滨逊般的孤岛生存；尝试过狂风暴雨中"穿越沙漠"的刺激；尝试过爬上喜马拉雅寻找自然与自我灵魂里爆发出来的无穷力量……尝试过很多疯狂的事情，其中有笑有伤，有血有痛，有恐惧，也有惊喜。每经历过一次，生命的意义就会变得非同凡响。

一个人在行走的路上，他认识了很多朋友，不同职业，不同背景，不同年龄层的朋友，在和他们的交谈中，他了解到了很多学校里都无法学到的东西，他们的阅历给了他很多启发，让他明白原来世界并不像自己曾经看到的那么小，他的眼见真的开阔了，那一刻，他觉得自己的出走是值得的。

有时候，他们会一起喝酒唱歌，也因此认识了一个诗人，他也是从那个时候开始，对诗文有了具体深刻的体会和研究。路途中，他们也会互相照顾，在彼此的帮助中，他学会了用善良去理解体谅别人。虽然旅途的萍水相逢很短暂，可是人与人之间建立的那种信任和真诚，却让他一生都受益匪浅。那一刻，他知道疯狂地行走在路上，是他一生最正确的选择！

他说，他很喜欢一个人站在不同城市的路上，看路人不同的"故事"，他总能在别人的故事里，看到自己的未来，他们或正确或错误的人生，对自己都是一种难得的阅历，这种富有让他觉得人生也变得丰盈了起来……

那些任性"行走"的意义，就是让我们用最独立的方式看看这个世界，了解这个世界。在路上，我们独立完成不同的事情，我们也会在照顾好自己的同时，学会去帮助更多的人，这些都是在学校里无法学到的东西……

我们一生都在忙碌地追求着，我们痛苦过，沮丧过，彷徨过，无助过，失去过，后悔过……可是只要这所有的一切都是我们自己独立主宰着，就算有时也有后悔，却是无悔的后悔不是吗？人生本身就是一场旅行，身体的旅行、心灵的旅行、灵魂的旅行……走走停停，看过身边的风景，然后回到家里深深地拥抱那些一直在等待我们的亲人，那一刻的爱，没有依赖没有抱怨，那一刻的爱，才是最特立独行的爱！

　　她是一个活得"很帅"的女孩，小小的年纪，却一直经历着不一般的人生。在朋友们的眼里，她是一个彻头彻尾的女汉子，以特立独行的方式，痛快地"行驶在自己的路上"。

　　那是一种不动声色的人格魅力，正是那种与众不同的气质，让她看上去是那么的璀璨自信。她曾经是人人羡慕的公务员，可是做了不到一年她就毅然决然地辞职去开网店，家人说她不可理喻，朋友们说她不计后果。她说："没感觉的工作，就是浪费生命。"正当网店的生意越来越好，做得风生水起的时候，她却突然将店转了出去，拿着存下来的钱开始学习平面设计。本来就有美术基础的她，再加上天生具备的灵气，很快就学有所成，自成风格，后来开了一家设计公司，很多人都冲着她的才气，成了她的固定客户。眼看事业越做越大，从来不肯停下来的她，背起行囊，开始了期待多年的徒步旅行，一次次任性的出走，让她实现了走遍世界的梦想。路途中，她学会了很多国家的语言，学会了弹吉他、学会了写小说……

她说，她很享受这种"疯狂行驶在路上"的生活，把自己喜欢的日子过得像一首诗，才不会辜负这么好的人生时光。她说那种感觉就像喝了一杯珍藏多年的红酒，身心灵魂都在散发着无与伦比的香气。这样的人生活得洒脱而自由，没有微博，朋友圈也不发照片，不询问任何人自己应该怎么活，不向任何人晒自己的幸福，所有的心情和感悟，都记在自己的心里，密密麻麻，干干净净。

她说，她只是听到了自己内心的声音，勇敢面对自己的渴望。就算那些很多自己想做的事，最后没有结果，也是开心的。每当想起那些带着自己上路的日子，内心都会感觉有一股暖流注入，那是一种无比灿烂的能量，照亮了幸福的人生。

这个世界上，有太多的人不知道自己到底想要什么，于是我们似乎习惯了等着别人来告诉自己，你应该做什么，不应该做什么，你可以得到什么，不可以得到什么。于是，没有自我参与的人生，到最会都会变成遗憾和抱怨。

遗憾的是：生活那么美好，可惜那个主角总不是自己。抱怨的是：知道自己想要什么，因为太多的担心和顾虑，所以瞻前顾后不敢去争取，最后在失去的结果里懊悔。

　　如果有一天，你不再寻找爱情，只是去爱；你不再渴望得到，只是去做；你不再追逐幸福，只是去走，一切就有了真正开始的理由。

　　任性的人生无须解释。

独立时，世界于你是一座荒岛

有时，害怕独立，是因为独立时世界就像是一座孤岛，看不到人群的荒芜，让心变得凄冷无助。

其实，人生就是一场独角戏，主角从来只有自己。

那些生命中最爱我们的人，那些承诺庇护我们一生的人，不管是谁，也无论缘深缘浅，总是那么断断续续，忽近忽远，若即若离。随着世事变迁，都会在不经意间，忽然就改变了，走远了，离开我们的视线。那些聚散，来了，去了，近了，远了，我们不能改变，也无法预设。

很多时候，本以为可以是一辈子的信赖与依靠，那些自以为已经拥有的一切，当心正开始把这些当成生命的全部意义时，突然却感觉离失之交臂不远了。

没错，生命是一场独行，没有人会一刻不离地陪着我们一起走过，只有自己是始终如一地出现在这里的那个人。那么，不如牵起自己的手，一路陪在自己的身边，走下去……

他是一个刚走出校门的大学生，涉世之初，最难克服的还是心底里对于将要独立面对未来人生的孤独感。

　　他知道，未来的路无法预知，看得见的，看不见的，感觉到的，感觉不到的，都是一张无形的网，密密麻麻地铺设在人生的路上，让他心里多了一些恐慌；孤身上路，是成长的必然，也是男人该有的担当，不管怎样，那些决定未来命运的路，总是要靠自己勇敢地走下去。

　　于是毕业后，他背起行囊去到一座陌生的城市闯荡，那些年一直陪在身边的恋人、父母、朋友渐渐地淡出了他的生活。

　　那一年，他去了一个寒冷的地方工作，那里的气候特别恶劣，就算是阳春三月，人们依然还是要忍受刺骨难耐的寒冷。于是在每一个夜晚来临的时候，他只有先穿着衣服在被子里蜷缩好久，才敢脱衣入眠。在那些日子里，他几乎每天都想起冬天在家时母亲为他缝制的厚被子，那些夜晚是温暖的，可是却从来没觉得那样的日子有什么想法可言，也从来没有感恩过，以为所有的依赖都是理所当然的。直到此刻饱受寒冷以后才体会到母爱的可贵，尽管怀念母亲爱的呵护，但他知道母亲不可能给他盖一辈子的被子。所有的路，以后还是要一个人走下去。

　　起初，他真的无法适应这样的生活，经常打电话回家，有一次爸爸告诉他，"以后你自己的痛苦自己面对，自己的事情自己决定，没必要事事都和我们商量，你长大了，你的人生要由你自己走完。"

爸爸的一番话让他看到了一个父亲的良苦用心：爸爸要从现在开始，把他的人生转交在他自己的手里。也是从那一刻开始，他知道，该是离开父母，自己振翅高飞的时候了。

一开始，他感觉自己成了一只孤飞的鸟，需要自己去辨别方向，需要自己把握飞行的速度，需要自己去预知危险，抵御风暴，更重要的是需要自己去适应孤独。因为，他知道，走出了校门，不会再像学生时代那么单纯，现实永远比想象中还要残酷，有些时候，再多的努力都不一定有回报，本以为是奋不顾身的付出，可最后换来的却是误解。

于是，漂流在外的孤寂的日子里，他常常会想到以前的那些朋友们。于是，一个个电话打过去，可是，莫名的感觉，电话那头的他们与我之间不知何时有了一种若有若无的距离。那些不开心的时候一起互相调侃的日子，那些在失落的时候一起烂醉如泥的日子，那些在憋屈的时候去踹朋友两脚的日子，那些肆无忌惮地成为彼此损友的日子，真的已经一去不复返了。因为聚少离多，每个人都在为自己的前程奔波，于是后来在通讯录里久久盯着那个手机号码却拨不下去，我们都在想时光是否已经改变了昔日的样子，彼此是否还会记得曾经的点滴。于是，朋友这个词已经远远地退到了生命的视线之外，变得模糊不清。

于是，他做好了充分的准备，自己上路。

再后来，慢慢地有了一些社会阅历，他的工作和生活也开始进入了一个新的高度，认识了很多人，从事过很多种职业，最后他终于找到了最适合自己的工作方式。本以为经历过那么多无助孤独的日子，现在的自己身边总会有那么一些可以推心置腹的人，心里也总会有那么一些归属感了。

可是，那些工作中的伙伴，似乎都在为了自己的利益忙碌着；那些曾经无话不说的朋友，依然都在自己的生活轨道里寻索着，没有人能真正在自己需要的时候，可以那么无所求地出现在身边，哪怕只是一个安慰的眼神，都是一种奢求。

他终于明白，每个人都是一个独立的个体，所以，孤独是生活的常态，身处低处时寄人篱下，身处高处时凄冷不胜寒，都是最现实的生活。

渐渐想明白之后，他心里也就释然了很多。不管是一个人的时候，还是高朋满座时，不管是在熟悉的地方，还是在陌生的城市，人生都是一场自己独自走完的路程。

独自走下去，以最勇敢的姿态，哪怕世界是一座荒岛，也要像鲁滨逊一样，寻找到最适宜自己生存的水源。

当然，独立不是没有亲情没有友情，独立是以一种自己站起来的力量，以一种自我思考的人格，陪伴和帮助身边那些爱我们和我们爱的人。这种爱不再是单纯的依赖，而是一种相互的依存。

如果我们独立了，做过很多的抉择，有了自己的主见，有了自己的方向，有天我们会发现，别人的翅膀已经遮挡不住灼热的阳光，遮挡不住骤烈的雨点，遮挡不住犀利的寒风。

一生的路那么长，总是有很多始料不及，有很多没有时间思考，也没有余地思考的变数，生命中那些错过的风景，匆匆而来又匆匆而去。在这短暂的来去间，如果，我们学会了面对，学会了接受，学会了担当，学会了告别，那么，我们就是真正地屹立在世界孤岛上的独立者。

那一刻，我们转过身不回头，向前走、一个人、一条路、一辈子，我们沉默、坚强、淡然而无忧……

输掉什么，都不能输掉自我选择权

自我选择权，是宣誓"要过自己想要的生活"时的一句豪言壮语。

自我选择权，有时重要的可以决定我们一生的幸福。

两个男孩，他们有种同样的梦想——成为一名设计师。一个男孩迫于家庭的压力，从事了别的专业。另一个男孩却放弃了面试的机会，向家人勇敢地表明自己的理想，并且不顾家人的反对坚持自己的选择，最终成了一位著名的设计师，快乐地做着自己喜欢的工作。

两个男孩谁更幸福，不言而喻。

其实，每个人一生可以选择的最佳机会真的不多，一旦错过，就没有了回头再选择的机会。我们自己是人生的主体，而自我选择权是"成为我自己"的前提，因为自己内心想要的选择，我们成了独特的自己。所以捍卫自我选择权，就是在捍卫我们的尊严和自由，宣誓"我"是一个独立的存在。

如果别人拿走了我们的选择权，未来心不甘情不愿的生活都不会让"我"的内心畅快，因为所有的决定都不是出于"我"的自由选择。活着本身就是一种选择人生的权利，一旦权利被夺去，别人的意愿强加在我们身上，我们就不能做自己喜欢做的事情，这会使得每个被压迫的心灵备受压抑，发出呐喊，奋起反抗。

男孩有着显赫的家室背景，父母的生意遍布海内外。家里只有他和妹妹，于是唯一的儿子成了父母所有的寄托，他也无可厚非地成了偌大家业的继承人。父母对他很溺爱，为他安排着一切，也希望儿子无条件地听他们的安排。除了生活琐事，就连在哪里读书，学什么专业都是父母的选择，而且他学的专业都和将来接管父母的家族产业有关。

可是他根本不喜欢做生意，他喜欢文学。处于本能的叛逆，大学期间他并没有将心思用在不喜欢的专业上，原本灿烂的象牙塔生活也因此而变得灰暗，本以为美好的青春时光就要这样荒废了，幸好在校期间参加了各种诗社、文学社，经常跟着一帮玩文字的朋友到处游山玩水，吟诗作赋。为此他还挂了不少科，但是心灵的反抗意识让他一度偷偷地窃喜，他觉得一次次补考推迟毕业，他就可以有更多的时间脱离父母的限制过自由的生活。但是大学还没毕业，父母就逼着他回家做生意了。

他曾经努力反抗，想要离开父亲的公司，想要坚持自己的作家梦，可是家人坚决反对，父亲义正词严地对他说："我们整个家族辛苦赚来的家业，难道你忍心看着祖辈的心血断送在你手里吗？"这完全就是电视剧情节的翻版，于是他只好妥协，接手了家族的生意。

后来，天资聪慧的他生意做得风生水起，成为人人眼里羡慕的"高富帅"，可是他的内心却不快乐，一点都不快乐。

他说他把自己的日子，过成了别人喜欢的样子。

别人为我们做选择时，都会以"我是为了你好"为名义，替我们决定我们的人生。他们可能是我们的父母，我们的姐妹，我们的爱人，我们的亲友，他们都是与我们关系亲密之人，也正是这些亲密关系在控制和影响着我们的选择。

但是，最后这种"我是为了你好"的目的不但无法实现，还会造成彼此关系的怨恨、伤害和破裂。

女孩有个强势的姐姐，姐姐要求女孩事事听自己的安排，于是女孩人生的几件大事几乎都是在姐姐的安排下完成的。

在强势的姐姐面前，女孩显得懦弱而没主见。从小到大，女孩就被要求不应该有太多自主思想，只需按着姐姐的决定去做就行了，即便偶尔有自己的想法，也会被姐姐一棒子击回去，"小孩子你懂什么？""我为了你好不会有错。""你听我的安排就行了。"这是女孩成长中听到的最多的话。

没办法，女孩只好按照姐姐的安排走下去，哪怕心不甘情不愿。比如：当年原本想要报考美术专业，可是姐姐偏偏安排她选择财经专业，说是财经将来比美术更有发展前景。女孩知道，姐姐之所以让她选择财经，是为了延续她自己以前想读财经大学却没有机会读的梦想。女孩不甘心，曾坚持着为自己争取，可是姐姐执意坚持自己的决定，并自以为是地说：女孩子将来有个稳定的工作比什么都强。女孩那时候年纪小，再加上一直以来的懦弱，最后也只能无奈地妥协了。对女孩而言，那个选择是她一生的遗憾。

多年后，到了谈婚论嫁的年纪，女孩本想找一个自己心仪的男孩，可是姐姐按照自己的审美开始帮她物色合适的对象。而姐姐的标准无非就是教育、背景、工作、收入等。经过精挑细选之后，姐姐把一个她眼里的完美男人带了回来。女孩知道这不是她喜欢的类型，可是姐姐根本不给她发表自己想法的权利，自作主张地认为，男人的工作有前途，人也聪明，将来肯定有大发展，嫁给他是最好的选择。

女孩无奈之下再一次妥协，和男人结了婚。可是不久之后，女孩就发现那是一个天大的错误，婚后不到一年，女孩和丈夫就因为性格不合而陷入了争执不断的僵局，渐渐地，原本就没什么感情基础的两个人变得更加冷漠。离婚是必然的结局，可是离婚后的迷茫，让女孩一度不知道哪里才是自己的归处。

　　她后悔自己不该一味地顺从姐姐，却忽略了婚姻是一辈子的幸福。

　　不知情的人都觉得她这个姐姐是一个那么会为妹妹操心的人，可知情的人却不这么认为，比如，女孩的闺蜜，一直觉得女孩的姐姐对她的生活干涉的太多，让她没有一点自主权，一切都是姐姐说了算，结果呢？她自己活得一点儿都不开心。所以，闺蜜总是偷偷对女孩说："不要把你姐的话当圣旨，你自己也得有主见，尤其是人生的很多大事，一定要按照自己喜欢的方式去生活。"

　　离婚的几年里，姐姐不停地为她介绍对象，女孩内心却越来越抵触。她告诉自己，这一次一定要找个自己爱慕的男人。

　　之后，女孩在一次郊游中认识了一个心仪的男孩，通过一段时间的交往，发现彼此性格很合适，渐渐就发展成了恋人。这是女孩第一次真正恋爱，所以，她很珍惜这段感情。

　　于是趁着父亲过生日，女孩带着男朋友回家见家人，父母看她们恩爱有加的样子很是欣慰，可姐姐却一脸不高兴的样子，因为男孩并不是她心目中理想的人选。由于一直以来父母也都是习惯了家里的事情都听姐姐的，所以，尽管父母满意也还是做不了主，于是姐姐再次出来横加干涉。

　　这一次，姐姐竟然直接告诉男孩，要他离开女孩。女孩气疯了，第一次不顾一切和姐姐吵了起来，并发誓她们的关系从此决裂……

　　姐姐为她选择了丈夫，可她的婚姻并不快乐；再后来姐姐又不停地给她介绍对象，可在她眼里那都是折磨心灵的困扰；自己好不容易碰上了一个倾心的人，可姐姐却一次次干涉。想起这些，女孩内心真的很怨恨姐姐。

　　姐姐为她安排决定的人生没能让她幸福，那些"我这样做是为了你好"的目的不但没有实现，还让彼此的亲情出现了裂痕。而那些被迫限制自由的安排，那些被迫失去自主权的人生，最后剩下的只有无声的抵触和反抗。

　　可以说，自我选择权与存在感紧密相连，我选择，所以我存在；我存在，所以我选择。而一旦被迫失去这种自我存在感，再美好的感情都会在反抗中失去最初的温暖。

　　因此，不要轻易将自己的人生选择权拱手他人，让他人来控制我们的生活；也不要随意将自我的意愿强加于他人，无论你的安排在你眼里多么美好，都不是对方想要的美好生活。

不要让别人的意见，遮住你的光芒

这世界永远只有两种人：一种有主见，另一种没有主见。

没主见的不快乐源于外界各种声音的干扰，那些声音灌进自己的耳朵，别人说什么，就信什么，从不曾考虑别人的心声是否就真的是自己想要的生活。于是很多在别人的意见里走完的人生路，最后走出了一部又一部悔恨交织的悲剧。

听不到自己的声音，只在意别人的意见，那么别人就会成为横在你面前的一道墙，不留一点余地地遮住你的光芒，会让人"渐渐"地忽略你的存在。其实，每个人都是一个充满魅力的"发光体"，带着自己的主见风风光光地上路，才能走得酣畅淋漓。

一个女孩说："姐姐劝我四十岁之前不要生孩子，等将来有了经济资本再说，我虽然很想要一个孩子，但还是听了姐姐的话打掉了我的孩子。"一个女孩说："我不想和这个男人结婚，但这个男人是父母眼里最合适的人选，希望我和他结婚，并且共度一生，于是，我在父母的安排下嫁给了一个我不爱的人。"一个男孩说："我非常喜欢现在的工作，但是身边的朋友都建议我换一份更好的工作，于是我觉得自己已经没有了留下来的理由，于是选择了辞职，可辞职后却一直没有找到真正喜欢的工作。"

　　每一个被别人的意见安排着自己生活的人，似乎都有过这样的经历。

　　我们为什么，要让别人的意见，遮蔽自己的生活？为什么这么容易就被别人的思想牵着鼻子走呢？为什么别人的安排，就能让我们的内心变得畏首畏尾，优柔寡断呢？为什么我们不用自己的感受，去倾听自己心里的声音呢？

　　那些来自心底的声音，有着最真实的渴望和最真切的期许，那里的每一个梦都凝聚着一生的等待。可是多少时候，现实的压力，亲人的阻挠，幼稚的怯懦，让我们宁愿失去自我，宁愿做一株没有思想的植物，也不敢带着热烈的渴望去一步步走进那些等待了多年的梦中。因此，这个梦便永远没有了变成现实的机会。

　　我们经常撕心裂肺地呼喊："为什么我没有勇气用自己喜欢的方式活着？"可真正站到选择的路口时，还是会为了顺别人的心，而让自己走进别人安排的路上。其实我们应该懂得"鞋子合不合适只有自己知道"，自己想要什么只有自己知道，别人的意见只能是个参考。如果让别人的意见成为左右我们生活的全部，那么生活的样子最后会背离心中所渴望的轨道，而变得面目全非。

　　要知道，人生是自己的，谁能决定谁的人生？谁又能真正担当谁的人生？

　　她是一个成功的音乐家，如果不是因为那一次坚持己见的抉择，她的梦想也许永远都没有实现的机会。她的出生似乎就和别人不太一样，一个严寒的冬天，家境贫困的妈妈在地里劳作时生下了她，那时，远方的教堂里飘荡着悠扬的圣歌，小小的她听着音乐，瞬间停止了啼哭，嘴角扬起，露出可爱的笑容。

　　于是，村子里的人们都说她和音乐有着一种奇缘，是一个音乐天才。随着年龄的增长，她的天赋日益凸显，她疯狂地喜欢着音乐，并坚定了自己的音乐理想。但不幸的是，在她十岁的时候，突然感觉耳部不适，在医院就医时医生告诉她，她的耳朵有可能在十五岁之前彻底聋掉。

　　身边所有的亲人朋友都开始劝阻她，希望她不要再浪费时间，与其在没有结果的事情上做无谓的努力，不如赶紧回头另觅出路。这些意见听上去似乎不无道理，起初她也曾有过一丝动摇。但是，心底渴望的声音反反复复出现，并告诉自己，不要停止对音乐的追求。

　　于是，她勇敢地做了一个惊为天人的决定，向音乐学院提出了入学申请。人们都觉得她的决定不可思议，这更引起了学校老师的强烈反对，没人愿意接纳一个将来可能会失聪的人去学习音乐。但是，她始终如一地坚持着自己的选择。

　　那一段时间，她天天守在校长的办公室、家门口，起初校长视而不见，可是后来，校长还是被她坚定的坚持感动了，答应给她一次机会，让她用音乐作品来证明自己的实力。

于是在接下来的音乐比赛中，由她作词、作曲的一首歌瞬间打动全场评委，从她作品里迸发出来的灵感征服了所有的人。走出比赛会场，校长郑重地告诉她，她已经被破格录取了。那一刻她热泪盈眶，她知道，她的坚持终于等到了结果。

她很庆幸当初敢于坚持自己的决定。最初的决定，虽然看起来不可思议，但是只要不被任何人的意见所左右，不被别人的判断束缚脚步，向着自己心灵所指的地方，勇敢地走下去，努力试着争取，无论结局怎样，都是一种无怨无悔。

很多时候，没主见就是没声音，没立场，慢慢地，我们在别人的眼里就成了一个隐形人，成了别人"背后的人"，那些本来可以发光的人生，最后只能被掩埋在别人的阴影里。

别人为我们安排好的路就算真的鸟语花香，也未必是我们自己想要的。每个人考虑问题的方式和所处的环境不一样，在同一个问题上，总有不同的观点和方式，这就是选择，因为选择的生活不一样，于是世间就有了不同的路。用自己认为对的方式强加给别人，不一定是别人喜欢的方式，所以，要想让未来的自己不后悔当初的选择，就要勇敢的选择自己想要的生活。

　　不要以为依赖是最可靠的安全感，有一天你会发现，没有独立的人格，终有一天所有自认为坚不可摧的安全感，都会演化为一种心灵的束缚。

　　那么，不要让别人的意见，遮住你的光芒。唯有自己决定的人生，不管是对是错，都会在未来属于自己的日子里，绽放出最美的精彩……

无谓的顾虑和等待，是最奢侈的挥霍

"我这一生最大的遗憾，就是那一次，错放了你的手"。当这种缅怀的声音在心底响起的时候，我们仿佛看到了一个人，在那些本该抓住幸福的时光里，因为无谓的顾虑和等待，而错失了自己的幸福。

于是，一次次顾虑后的错失，便成了悔不当初的痛，在心底纠缠……

回想之间，我们发现，短的要命的一辈子，很多时候都是在一个个不知所措的顾虑中犹豫着，便错过了那些年最绚烂的时光，等到回过头来想要抓住之际，一辈子就这样如水般流淌而过。我们遵守着规则，以为顾虑会让自己更谨慎周密地安排好未来的每一个细节，甚至可以规避掉未来每一个可能发生的危机。

可最后却发现，一生的时光，全然荒废在顾虑和等待的怪圈里，而我们就这样，扭扭捏捏、唯唯诺诺地过了一生。

那些年，我们一直扮演着"别人眼中的自己"，而渐渐失去了"自己心里的自己"；那些年，那些最应该沸腾着、热烈着、激越着、憧憬着、豪迈着走过来的青春时光，就这样成了生命最奢侈的挥霍，挥霍得一无所有……

世界上最幸运的事，是找到自己；世界上最幸福的事，是可以做自己。很多时候，生命中每一次重要的抉择，都是唯一一次的赌注，有时一旦错过就再也回不去，所以这个时候如何选择就显得特别重要。而真正决定选择结果是否幸福、满意的因素，永远只有一个，那就是，我们是否能够做一个有勇气做自己的人。

其实，甩开困扰心头的顾虑和担忧，直接去行动，就会发现，很多事情并没我们想象的那么艰难。

那一年，大学毕业后的他，带着一股初生牛犊不怕虎的劲儿，开始了自己的第一次创业，公司成立的起初，他也曾踌躇满志。因为年轻没有经验，再加上不了解市场，不到一年，公司很快就面临破产。由此，他开始了负债累累的生涯。

还债的生活苦不堪言，他一天要兼职三份工作，其中最辛苦的一份工作是在建筑工地搬砖。祸不单行，就在工作了不到一个月的时间，他的右脚就被砖头砸伤了。

带着身体和心灵的伤痛，他回家疗伤。从那一段时间开始，他觉得生活的不如意如阴云般笼罩心头，心态也随之变得颓废消沉了。朋友们去探望他，总会见到他蓬头垢面衣冠不整的样子，茶几上堆满了酒瓶烟头。在朋友们的眼里，他以前是一个积极阳光的男人。

　　大家都鼓励他找回从前的激情和干劲儿。然而，一脸愁容的他总是心灰意冷地说："如果当初我多一些犹豫和顾虑，就不会陷入这种窘迫的局面；如果我当初不那么冲动地选择自己创业，最后也不会沦落到负债累累的境地。"很多人都希望他重新站立起来继续开始，他却担心下一次的选择更加危机重重，心里满是忐忑不安的顾虑。

　　后来，朋友介绍他去看了一场残疾人艺术演出。当时，心情极其低落的他原本是带着散散心的心情去的。

　　可就是那场震撼人心的演出，深深地感动了他。尤其是一个盲人舞者的表演，那种渴望和呼唤幸福的肢体语言，像一股无形的力量一下子就抓住了他的心，他仿佛看到了当年的自己，那份泛滥在心底的青春激情，那份不可替代的敢想敢做的勇气。参观完演出之后，他有幸见到了那位盲人舞者。他是一位只有二十多岁的小伙子，笑起来一脸的阳光。

　　他和舞者聊得很投机。舞者性格很乐观，也很健谈。当他开始抱怨自己的不幸遭遇时，这位盲人舞者竟然爽朗地笑起来。

　　他诧异舞者为什么没有丝毫的同情安慰，反倒一笑了之，他心里不由得泛起一丝不悦。片刻后，舞者认真地说："从你的言谈里，我听出了你在挫折中内心的抱怨，那些曾经的打击让现在的你变得小心翼翼，做什么都是顾虑重重。可是如果因为挫折而将生活所有的希望掩埋，那还用什么去实现自己想要的生活。"

舞者用空洞却充满希望的"眼神"看着他，继续说："如果按照你的思维方式，当年我失明的时候，在抱怨中万念俱灰，抹杀所有希望，并且停滞追逐的脚步，那么我现在就不会有机会站在这座舞台上，舞出自己的人生了。"一番话说得他如梦初醒。

舞者意味深长地说："其实在因为意外刚刚失明的那段时间里，我何尝没有过绝望的念头，那个时候我觉得自己已然成了一个废人，不知道该做什么还能做什么，也有很多顾虑，觉得生活已经没有了未来。但是后来，我突然发现我的这种心态剥夺了我所有的快乐，让我变得不能再主动把握自己的生活和未来，而且，我意识到这种颓废的念头只能使自己痛上加痛，并不能改变任何事情。于是，我抛开了一切鼓励和等待，重新站了起来。面对生活中遭遇的不幸，无谓的顾虑和退却，其实是一种不负责任的肆意挥霍。没有什么能改变我们的人生，也没有谁能决定我们的人生，关键在于我们如何以果断的勇气对待挫败，抛开顾虑，挺身走下去！"

就是这样一场看似简单的对话，却能改变一个人的一生。是啊，我们完全可以主宰自己的生活，那来源于我们在人世沉浮中永不泯灭的果断的勇气。

只要愿意，走出来并走下去，就是改变人生的转折和开始。不久后，年轻人进入一家公司做了市场营销。他用自己激昂的工作热情证明了自己的能力，后来一步步坐上了经理的位置。

　　他知道，他的人生才刚刚开始……

　　把时间和精力消耗在顾虑上，是一种最奢侈的挥霍，人生没有多少机会任凭我们挥霍。那些随着顾虑泛在心头的退缩，因为犹豫了一秒钟，希望便成了泡沫；那些患得患失的想法，因为顾虑停顿片刻，原本的幸福便成了生命中一道无法抹平的悔恨。我们错失了把握自己人生的最好年华，而当年华真的老去时，剩下的也许只能是一声叹息。

　　我们都曾在行之渐远的路上，某天蓦然回首：呀！原来在自己并不想要的生活里已走出好远了。那么请回头，摸着心问问自己想要什么，问清楚后调转方向，重新上路，只要踏上路，就不要担心路有多遥远，只要方向对了，目的地就不会错。事实上，很多事情都无须顾虑太多，想那么多，纠结不安会搅浑人生不会重来的那一刻里原本最美好的感受。那么，不如放下顾虑，想好了就走下去，边走边规划，边走边经历，边走边感受，边走边体验，边走边成长……

　　幸福不是在顾虑中诞生的，而顾虑却能毁了一生的幸福。所

以，让自己决定自己人生每一步关键时刻的选择，用一种心无顾虑
的魄力。

很多时候，顺其自然并义无反顾地走下去，不知不觉就走出了
自己想要的人生……

"叛逆"的影子里，是出乎意料的潜能

很多时候，我们不是没有能力决定自己的人生，而是，忘记了在不走寻常路的个性里，用偶尔的"叛逆"去爆发自己出乎意料的潜能。

叛逆，是一种不顺从于常规、不人云亦云的个性。很多时候，常规局限了自己独有的潜力，把每个人都打造成了完全一样的模板，没有棱角、没有新意、没有特点，生活的全部意义似乎也成了一成不变的旋转，永远停不下来的雷同，失去了那些年梦想里的激情……

原本生活中的我们，因为不一样，才有所甄别。可是往往我们总认为，那些宣扬着个性的叛逆，是一种前所未有的尝试，看不到前面被人纷沓而至的路，就会缺少安全感，所以便去依靠别人寻求支柱，或者干脆直接复制别人的生活走在别人的路上，以为只要按照人们判断成败的眼光去生活，自己的人生就会被保护在保险套里，未来亦会安然无恙。

可最后却发现，还没有等到安然无恙的日子，自己想要的生活，离自己却越来越远了。

　　青青是一个很要强的女孩，在高三最辛苦的时光里，她学习努力，成绩优异，后来考上了北京的名校，本科毕业后读研究生，之后在一家高薪外企公司里做实习生。青青所在的公司是全球领域首屈一指的大公司，实习结束后公司并不决定将她留下做正式员工，理由是他们不需要一个太墨守成规不懂创新的人。

　　那一刻的青青第一次尝到了不被认可的滋味，她本以为自己完全是按照成功人士的模板打造的，怎么会不被认可呢？后来，满怀壮志的青青去了某奢侈品公司做业务，因为听说那边的待遇年薪六位数，将来做好了再升个职，肯定钱多得数不过来。

　　可梦想是丰满的，现实却是骨感的，三个月试用期后，青青还是没能顺利留下来，理由和上一份工作相似。

　　朋友们问她对未来有什么打算，青青说准备继续寻找自己梦想中高大上的工作，福利待遇都比较好的那种，然后就工作了。至于找什么样的工作，她心里依然迷茫。

　　在青青的内心深处，她总觉得自己的人生哪里不对，但是又不知道错在哪里。她总是下意识地觉得，自己这种以成功模式走出来的好学生，结果为什么一点都不精彩和震撼？她一直觉得，自己的人生应该是那种一路惊艳下去的。

　　她总觉得自己的生活缺点什么，没有新意缺乏个性，似乎一切都是安排好的。她听从家人的意见，从重点大学，到研究生，一路上很稳定，很顺溜儿。但是这种常规化的人生却没有带给她预想中的快乐感。当年以为人生就该这样，但是现在看着自己平静的没有一点涟漪的生活，瞬间觉得曾经自以为是的幸福变得面目全非了。这些年的生活被一种模式牵绊着，好像只要有自己的想法了就是大错特错。

当然，一贯循规蹈矩的青青也不允许自己有任何个性，只是如旋转在惯性力的陀螺一样，在固有的轨道里做跑得最快的那个。朋友们建议她换一种方式生活，优秀的她一定能找到属于自己的潜力。可她却决定过几年去国外再读个博士，这样就有海外背景了。

可这样的决定，并不是她想要的生活，只是她已经习惯了按照别人眼里的优秀模式，做最好的自己。

程程是个酷爱音乐的男孩，他本以为自己能考上音乐学院，可是成绩一般的他，只上了一个二类艺术学院。家人、老师、同学们并不看好他的未来，都建议他放弃自己的音乐梦想，另觅出路，找一条别人都走的成功路试试。

可是一贯叛逆的不走寻常路的他，却义无反顾地完成了别人不看好的二类艺术学院的全部课程。毕业后毅然选择远赴德国学习音乐，远在异国的求学生活是艰辛的，可功夫不负有心人，他的音乐天赋和坚韧的性格感动了某位音乐学院的教授，四年师从这位教授学习，最后在毕业的时候考到了德国最有名的一所大学继续学音乐。

一路走来，他慢慢地适应国外的生活，慢慢在自己喜欢的另一片天空下寻找内心的自己，他的音乐梦想一点点绽放起来，从当年的二类艺术学院，走向海外，走向真正的艺术舞台，走向世界，走向更大更美的地方……

当年的他，是最不被看好的，甚至是最糟糕的，当身边的人都建议他放弃自己的梦，换一种常规的方式去生活时，他却选择了听从内心的声音，走自己的路。

而那些年和他一起读高中的同学，哪一个人的世界有他的精彩，有他的广阔而美好？当年班上前十名的好学生，后来有的挣扎在一年年的考研队伍里，似乎考不上就对不起一个好学生的头衔和规范；有的考上研究生了，也不过是找个小公司实习，或者干脆打点零工赚点钱；有的工作了，每天朝九晚五上下班，每天望着没有激情的生活发呆。

两个人，两种不同的选择，两种不同的人生。

程程的幸福在于敢追寻自己的挚爱，用自己的潜力和特长来打拼自己的世界。在大学之前的生活里，他都不是人们眼里最有可能成功的人，但是他不愿放弃自己的梦想，没有因为别人的意见而离开自己想要的生活，他的内心也从未泯灭过自己的初衷，从未停止过殷切向往和执着追求，所以梦想才有了启航的可能。

而青青呢？过得很规矩，很规范。进最好的大学，挤进大公司做实习生，试图给自己的背景锦上添花，然后期许着能过上小资的生活，用最好的名牌，住地段最好的精装房，开最拉风的跑车，最好还能嫁入豪门，人前人后风光成别人眼里的羡慕嫉妒恨。

但是最后我们看到的是，程程的世界越来越大，青青的世界越来越小。程程在自己的梦想里绽放着心灵的自由，青青却只能拿着自己用生命加班熬夜赚来的那点工资，蜗居在城市的某个角落，虚荣的外表下掩藏不住脆弱的心灵。

因为特立独行的"叛逆"，我们才开始变得坚定而彪悍。

只有不一样的道路，才有可能看到和别人不一样的风景。在我们变成一个有自己的独特生活方式的人时，我们才会发现世界上原来有这么多精彩的活法，我们才开始由衷地赞叹每一种曾经不被看好的活法里，也有不一样的动人之处。而这些，都曾经被我们用标尺划出了标准的生活。

生活的样子不是一个概念，而是一种成长的专属权。只有绽放出自己独有的灵魂，才能走出一路不断的生机盎然，活出一个越来越大的世界。

就算结局潦倒，也曾有过美好的开始

　　不是所有的结局都能如愿以偿，所以每一种结局里，都有或多或少的懊悔成分。

　　于是，我们在结局出现的那一刻，仰天长叹："早知道是这样的结果，当初真不应该如何如何……"

　　我们忘记了看到结局之前，也曾在殷切期盼中开始，并在过程中享受着憧憬的激情，生活也因此而变得丰盈美好。就好像不得不面对分手的恋人一样，尽管分手的痛苦撕心裂肺，但是那些年爱过的每一天，那一段为爱激动了整个青春花季的体验，不是也一样美不胜收吗？

　　人生的每一段路，我们踏着经历成长了起来。一路走来，现实磨蚀着梦想，太多的事出乎你我的意料，没有谁可以左右结局。既然如此，那又何必太过在意结局呢？何必让哪些还没有发生的事成为快乐的桎梏，未来很遥远，快乐趁现在，放下心中的担忧顾虑，管它结局完不完美，为心灵装上轻盈自由的翅膀，就算现实沉重不堪，也要用最明朗的心体会过程带来的所有感受。

　　因为你我已经上路，正在经历着属于自己的人生。

男孩说他一直以来就是一个特别在意结果的人，所以总是活得很累。

可是，走了很多弯路后，他发现，很多不在意结果的事反而会成效很好。

前十几年的人生都是在忐忑不安中过来的，那些等待结果的日子如针扎般的煎熬，所以很多时候都不知道整个过程是怎么经历过来的，他说那段日子里，生活的全部意义就是一路奔着结果往前没头没脑地冲，一直冲到精疲力竭。

后来，高考之前，爸爸为了给他解压，带他去听了一位讲师讲授成功之道的课。讲师在开讲之前，并没有直接讲述人生的道理和固定的规则，而是给人们放了一部有关赌场玩轮盘赌博的视频。

视频结束后讲师问大家："看到那些赌徒，大家心里能有什么启示呢？"

男孩回想着视频的画面，沉思道："那些十赌九输的人，都有一个特点：下注前，他们似乎并不在意，可是当轮盘一开始转动，他们却都惊慌失措，仿佛世界末日一般等待着结局的审判。"

其实，既然在下注之前，已经决定了开始，并想好了接受任何可能出现的结果，就没必要惶惑不安。而且，赌注既然已经下了，而赌盘也已经旋转，就不妨以轻松的心情静待结果。此刻对结果的不安，只会徒增惊扰，一点用处都没有。

讲师的话在耳畔响起，"很多时候，不在意结果才会有结果，人生亦是如此！一旦下决心去做一件事情并付诸实行后，就无须挂心，也不必患得患失，因为患得患失，在做事情时就会表现失常。"

一次听课的经历让男孩如梦初醒，原来，这些年的人生都是在对结局的不安中惶然而过的。

于是，他觉得自己的整个人生都是重生。以前很多事情都是在无尽的担忧中百般斟酌地规划好，然后在万般惶恐的等待中迎接结局的审判。现在，他会认真想好一件事后，便轻松自然地付诸行动，没有焦躁的等待，没有过分的担忧，最后结果却都很好。

身边的朋友都说他是典型的虚无主义。但是，只有他自己知道，因为内心没有太多动荡不安的忐忑，心才能以最稳健的旋律，跃动出最美妙的音乐。

是的，不在意结果，才会有结果。

我们都有过这样的经历，无论何时看到结果，总是会有那么一丝失望，总是觉得也许结果应该比现在更好。

其实生活无关结果，不是为了结果才要开始，而是因为有了一个又一个美不胜收的开始，我们才有了活着的一道又一道风景。

现在我们要做的，是放下结果，把关注力放在现在我的感觉怎样上，我是不是享受它，如果你正在享受它，你也深深地爱上了这样的感受，那么就开始吧，在自己的心愿里把自己的梦高高扬起，结局如何都已不再重要。

　　她是一个作家，在成为作家之前，她还只是个文字爱好者。记得那时候的自己，曾经因为太看重成名的结果，差一点就葬送了写作的天赋。

　　那段时间，她经常将自认为写得较好的文章向一些报纸杂志投寄。一次她投寄的一篇文章在当地一家报刊上发表出来，一看到自己的文章在报纸上登出来，她内心激动万分，以为自己的写作水平可以与作家相媲美了，于是赶紧把这篇文章投寄到国家级的报纸杂志，迫切地期待文章能够在更有权威的刊物上发表。满心憧憬结果的她将生活的全部精力都投入到等待中，一有点空闲时间，她就会打开邮箱看有没有回信，手里攥着手机每十分钟打开看有没有短信提示，心情变得莫名地烦躁起来，再想静下心来坐下来写东西，可无论如何构思，竟写不下去了。

　　在发出的稿子杳无音讯时，她陷入了前所未有的失落和失望中，心情也变得灰暗。她抱怨自己明珠暗投，抱怨没有赏识自己的伯乐，接着又怀疑自己的文字驾驭能力，甚至有了放弃文字爱好的念头。就在自己心灰意冷之时，她收到了国家级报刊的回复，文章已经被刊登。于是消极下去的心态一下子又充实了起来，于是在结果中重燃希望的她又陷入了新一轮的投寄、期待、失望的怪圈里……心如起伏不定的浪潮一样忽高忽低，神经质到不可救药。

这种感觉让她心神不定，怀念当初写作时纯净的心境，无欲无求，极尽喜欢的感觉，只在意书写的过程，结果如何并无牵念。行文流水，下笔如有神，一行行一段段如同清风拂过，创作的过程自然舒畅。本以为随着文字的纯熟，灵感会越来越丰富，以写出更加美妙的文章。殊不知，越来越膨胀的结果反而侵蚀了自己的心境，这难道不是一种作茧自缚吗？

回想问题的根源，她若有所悟。以前的文字无欲则刚，每一篇都是真实的心情感悟，用自己的手写自己的心，心情怡然自得，写起来文风随性流畅。现在心境被结局牵制，总期待自己的文章能以最好的姿态发表出来，甚至希望自己每一篇文章都是精品，编辑能慧眼识珠，自己一跃成为知名作家。

本以为对结果的殷切期盼能振奋自己的精神，带来创作的激情，但被满足的感觉转瞬即逝，接下来便是一个又一个更远大的梦想彼岸。太在意结果往往事与愿违，糟糕的心情影响了灵感的迸发，她觉得自己真的写不下去了。

本想享受写作过程的快乐，可期待发表的结果却给自己带来了心灵的烦忧。

　　期待结果不如享受过程。

　　就算结局潦倒，也曾有过美好的开始，不是吗？不在意结果，如此才能祛除期待结果而陷入的焦灼。保持洒脱的心态，即使对结局渺茫未测，仍能享受生命旅程中的每一刻。

　　"享受钓鱼，而不是享受钓到的鱼"。才是最美的人生感受。

未来之所以美，是因为未知的神秘

对未知的恐惧，占据了我们整个人生。

很多人都是这样走过来的，走得惶恐而不安，走得犹豫而迟疑，走得忘记了当年梦的初心……

这样的人生，一点都不美丽。

爱情之所以美，美得让人无法割舍，难以忘怀，是因为它未知的神秘。我们永远也不会知道，某天，某时，某地，我们会爱上某个人，我们会在一起，我们也有可能会分手。

害怕离开时的痛楚，所以我们选择了没有开始就结束……爱情美得生疼的切肤体会，也许这辈子都无缘邂逅。

这样的人生，一点都不美丽。

那些盘踞在心头的对未来恐惧不已的犹豫，封杀了追逐的脚步，世界也随之变得无路可走。岂不知，我们忘记了，当我们勇敢走下去的时候，当有一天我们变成了活得最精彩的那一个人的时候，当我们的人生变得明朗而热烈的时候，谁还会质疑我们当初的选择不靠谱呢？我们已经变成了更好的自己，遇到了更好的人，也做着更好的自己，我们快乐而满足，我们有爱自己和爱别人的能力，这个时候，你是谁，你曾经的决定有没有违背常理，你曾经的固执坚持有没有触动别人的要求，你曾经的追求有没有威胁到未来的幸福，都已经不再重要了，不是吗？

一切的一切，无论对错，都会在未来的某一天，给出一个最清晰明了的答案。

既然未来对与错谁都无法预知，那么又何必在预知里挣扎，何不就这样随心走下去，走出自己的想要的生活，岂不更美？

男孩说，行走世间，我们都是探索神秘未来的妖怪。

年少不谙世事的时候，他所经历的青春的另外一个名字叫作徒劳。他说，其实人生每一个阶段的每一种尝试也许都是徒劳无功，无论怎么过，过的是千般斟酌还是洒脱随心，等到以后回想起来，都会觉得不够好，就像自己曾经喜欢一个人，明明知道最后也许不可能走到一起，但是还是没有因为预知到不好的结果而停止爱的本能。结果太遥远，唯一能把握得还是眼前的幸福感。

他知道，这个世界上没有一份感情从起初到最后，都能被把控在自己的预知范围内。

结果终有一天会真相大白，他恋爱到第七年的时候还是分手了。那阵子他看起来像什么事情都没有发生一样，朋友们都以为他洒脱到足以毫不介意，结果有一天他喝醉了，歇斯底里地哭了很久。第二天他醒过来，对朋友们说了一句特文艺的话："其实爱情之所以美得生疼，是因为未知的快感。"

曾经他和朋友们讨论过这个问题，很多人认为明明没有结果的感情还要继续下去，这样就是一种不靠谱。可是他却觉得没关系，痛苦得切肤体会，总比没有勇气去经历的情感空白，更觉人生的跌宕刺激。

从这段痛苦的感情走出来后，朋友们问他，"上一段的痛爱后，下一任你是会选择一个你喜欢的，还是一个喜欢你的？"他想了很久始终不知道应该怎么回答，依照他的个性，他一定会说"我还是会义无反顾地选择我喜欢的"，再加上一句"不怕爱错，只怕不敢爱"之类的文艺的话。

但他还是感到了心底的踌躇。

他知道，选择一个自己爱的怕再度受伤，怕没有未来；选择一个喜欢自己的也许未来很踏实，但又不愿意未来建立一段没有爱情的婚姻。

犹豫不决之后，他还是选择了抛开未来的担忧，选自己心有所念的事去做，就算还会受伤，就算没有未来，就算已经到了结婚的年龄，就算没有拖下去的资本了，他还是决定选择一个自己喜欢的人和事。生命对他来说，梦想比什么都重要，继续读研，继续寻找真爱，为自己想要的人生折腾，一点都不觉得不累，因为人生不能就这么算了，人生不能就这样将就。

他知道，未来无法预知，那些喜欢自己的总有一天会不喜欢，那些本以为踏实的东西总有一天会抓不住，那些以为可以实现的梦想也许根本实现不了，那些曾经以为无比重要的总有一天会变得面目全非。

不过这些其实都没什么，走过多年后再回想起，唯一让自己觉得欣慰的，是在自己的决定里，昂首挺胸用力走过的人生。

看不清所谓的未来，可他还是要这么努力去实现梦想，依旧在做着可能没有结果的事情。就好比要去做一件自己非常喜欢的事情，有人已经告诉他结果不堪设想，但他还是会坚持着走下去，只因为这一切都是自己想要的，无关结果，仅此而已。

他宁愿让别人觉得自己幼稚到不考虑后果，也不要让别人看到自己在不久的将来难过、失落。他说他不喜欢抱怨自己，也不喜欢抱怨别人，所以就要选择自己认定的事情，勇敢去做。

有时候，做自己喜欢的事情也是一种回报。

其实在朋友的眼里他一直是一个挺不靠谱的人，谈不靠谱的恋爱，写没有出版机会的书，去没人愿意去的地方，做没有结果的事情，真是不靠谱。可是这些在他眼里，却是无比的幸福，爱的时候爱得心潮激荡，能做自己喜欢的事情，这就是最好的回报。

他说，更多时候，未来的幸福感取决于你当初敢不敢做自己的态度，我们都会找到属于自己的生活快感，然后深陷其中无法自拔。

在他看来，很多时候，别人眼里的不靠谱，是因为安全感的缺失。

而在经历过之后他才想明白，与其担心未来，不如努力现在。这条路上，只有做回自己才能给自己安全感。不要轻易把梦想寄托在某个人身上，也不要被别人的意见挟制，更不要太在乎别人的指责，因为未来是我们自己的，只有自己能给自己最大的安全感。别忘了那些自己一直想要做的事情，别忘了自己想去的每一个地方，不管前路有多艰险，有多"不靠谱"，只要是自己想要的，就义无反顾地走下去。

重要的是，不管做出什么样的选择，都要对得起自己的内心。很多年再回首过往时，唯一让自己觉得美好温暖的，是自己昂首挺胸用力走过的人生。

他觉得这样的自己，幸福无比。

没错，请用力走过属于自己的人生吧，每一个无法预知的尝试里，都是惊心动魄的人生体验。不要在还没有开始的时候，就用自我判断的危机感，一次又一次砍杀梦想最初的模样……

　　因为，未来之所以美得生疼，是因为未知的神秘。

第五辑

自己做主的人生，不抱怨也不曾后悔

在被偷走的那些年，谁动了我的人生

　　多年后，我们站在了人生千回百转后停下来的路上，拖着疲惫的身心，长叹一声后，说出了这样一句话："在被偷走的那些年里，谁动了我的人生？"

　　回顾过往的时候，每一个未来的你，都会讨厌曾经的自己，那时候那么美好的年华，可以做很多很多自己想做的事的年华，怎么就那么轻易地把选择权给了别人，怎么就那么不当回事地被挥霍掉了呢？挥霍得一文不剩，还欠下了很多很多激荡了整个青春的心愿，和没有机会再去实现的远的不能再远的梦……

　　小时候爸妈说："你现在的任务就是学习，其他的一切都和你无关，少壮不努力，老大徒伤悲。"放下一直以来热爱的画笔，你无奈着。

　　读书时，老师讲，"你只有比别人优秀才会幸福，不努力成为最好的人，人生就没有了希望。"放下手中的飞机模型，你茫然着。

　　而最后努力来到最好的学府，你变得无所适从。站在每天周而复始却并不是自己喜欢的专业面前，你突然发现自己的人生变得面目全非，那些别人眼中美好的开始，却成了自己心中最糟糕的人生。

等到工作后，终于到了可以找回自己的时刻。可是，不再年轻的开始，已然失去了年少时的热血方刚。你看着镜子里的自己，那个卑微地活在别人安排里的你，连自己都有些认不出来。

青青说很多年来，她一直那么用力地想要做到最好，想要做个听话的"好孩子"，想要成为身边亲人要求里的最美好的样子。可当年少时那些在心里描绘了无数次的梦想，随着岁月而变得愈发鲜亮时，她才蓦然发现，她已经把自己弄丢了，现在的一切都不是自己真正想要的生活，曾经在心底呐喊了数遍的梦，也只是个幻影而已。

她知道这些年自己并不快乐，她一直活在他人的期待里。

从小父母姐姐对她的要求就特别严格，她的人生轨迹都是在家人的规划中一路走过来的。从小到大，跟家人发生过最大的争执，就是在大二时谈恋爱的那一次。她很清楚，对于爱情的选择权不在自己的手里，而在姐姐的择偶标准里，自己喜不喜欢根本就不重要。那一晚，姐姐用自己编织的人生态度跟她聊了很久，青青听得心有余悸，忍不住站起来大声地说："好吧，我的人生你做主可以了吗？"

其实，青青一直以来都是一个随性浪漫的女孩，她想要的人生是那种很简单的幸福，有一个相爱的人，组成一个美满的家庭，生一个可爱的孩子，过着一家三口的甜蜜生活。这样的日子，不需要富甲天下，不需要声名鹤立，不需要出挑拔尖，更不需要光鲜夺目，就像《论语》中描述的一样，"一箪食，一瓢饮，在陋巷，人不堪其忧，回也不改其乐"，如此这般的生活而已。

可就是这样的生活，却不是她可以随意决定的，青青知道，姐姐要用她的强势，把控自己的生活，不管这是不是她想要的。

只是有时会感到窒息，想逃却不知该往何处去。那些年，青青压抑着内心真实的想法，强颜欢笑地违心地过着姐姐眼里应该过的生活。最后，她甚至不知道是自己需要依赖，还是姐姐需要被依赖，反正这一切都已经成为习惯，成了应该，别人就应该对她的生活指手画脚，她的每一天也应该成为别人手里支配的傀儡生活。

青青从小到大都没有独立决定过一件事，人生失去了参与的意义，全部被别人包揽。姐姐曾经在她的一次"不听话"的反抗后，义正词严地说自己所做的一切都是为了她好，她应该感恩而不是抱怨。青青知道那不是爱的保护，而是自主权的剥夺。多少次，她不是不想说出自己的心声和怨恨，而是不敢，也不知道该如何在习惯了被强势控制后，去表达自己真实的想法。

每当有人想要对她的生活和做事方式指手画脚时，她就会在内心像只刺猬，竖起所有的刺，心里充满戒备和敌意。

她就一直这样，活在姐姐自以为是保护的辖制里，做了很多年的"好孩子"，却不懂得如何去活出自己。

顾城说过：一个活得明白的人是从不畏惧选择的，该做什么永远会清晰无比地出现在脑海，这和你的梦想无关，就像一个人本身属于苹果树，所以无论别人怎么要求你，你内心还是会义无反顾地结出苹果。

本身你就是一棵应该长出苹果的树，但是因为别人的希望，你强迫自己长出了橘子。结果最后苦苦撑了那么多年，摘下来一尝，满嘴都是酸楚的味道。你要长成什么样，并不由他人决定，你得听从自己的内心。

每个人都有表达自己真实想法的权利，尽管在你看来美不胜收的想法，在别人眼里一文不值。但你还是要把内心的声音，呐喊出来。那些在生命深处沸腾了很多年的梦，总要给自己一个交代，那是对自己与生俱来的梦想最好的安放。没有人，比你更知道自己想要什么。

他是一个聪明而有想法的男孩，父母经营着家族生意，一直以来都是名声显赫的望族。所以，很小的时候，父母就已经以未来家族继承人的模式开始培养他了：他需要学习企业管理，长大后把生意做大做强，光宗耀祖。为了实现这个目标，父母在他很小的时候便经常带他出入各种大企业的社交活动。他很听话，从不违背父母的意愿，于是读书的那些年，他是学校有名的"富家学霸"，是人们眼里争相膜拜的偶像。可是穿透浮华背后，只有他自己知道，他的内心从来没有感受到快乐，他做的一切，只是为了家族的荣誉而已。

那一天，闷闷不乐的他经过一家画廊时，被里面陈设的画作深深地吸引着。他停住脚步，走了进去，就在踏入大门的一瞬间，映入眼帘的那一幅画，突然闯进了他的心里，也改变了他的人生。画面正中上是一个朴实的藏族姑娘，倚在一根粗壮的棕色圆木上，远处是碧绿的草原，洁白的羊群散落在湛蓝的天空下，女孩清澈恬淡的眼神里透着质朴，与祥和的背景浑然一体。

那一刻，他感到自己的心被什么击中了一样，内心忽然有股电流一闪而过，激活了他从未有过的激动和愉悦。直到那一刻，他才发现，原来他热爱艺术的梦，一直都在！

他看得入神，一时间陷入了深深的思索。这时，身后传来了浑厚的声音，"小男孩，你很喜欢这幅画吗？"回头，是一位长满胡须的老人，老人发现了看得痴迷的他，于是和他聊了起来。原来老人就是这幅画的作者，是一位画家，那一天，画家给他讲了很多关于绘画的故事。

他的世界被点亮了，他看到了不同的人生，他深深地爱上了绘画。

每天放学后，他都会跑到老画家的画室，画室里画家带着学生们一起画画，他也加入其中，乐此不疲。很快，心思不在学习上的他成绩一落千丈。

　　对他寄予很大厚望的父母，得知真相后非常气愤，面对父母声嘶力竭的责备，找到属于自己人生的人，却突然变得非常出乎意料的勇敢，他说："为什么一定要我按照你们的意愿去生活呢？绘画是我这辈子最想做的事情，一想到我将来可以做自己喜欢的事情，就觉得很幸福，爸爸妈妈，难道你们不希望我幸福吗？"

　　听着他发自心底的想法，看着他坚定的目光，父母的内心微微感受到了一丝震撼，他们发现其实自己并不了解孩子内心真实的想法。再后来，父母被他的坚定打动，开始转而支持他。只要找到了自己的目标，并努力去做时，连上帝都会被感动。

　　没错，多年后，他成了一名享誉世界的绘画大师。

　　在一次演出采访中，他曾说过："我自己是人生的主人，行走在我想要的人生路上，真的幸福无比。"

　　作家三毛从小并不是一个特别喜欢学习的人，幸好父母接纳了这样的她，允许她过与众不同的人生，并支持她去写作；幸好她坚持住了自己的内心，敢于走自己想走的人生，于是才有了后来带着美丽的文字行走在撒哈拉的女子。

　　不管是谁，都没有权利决定你的人生，包括你身边的亲人。我们都可以选择成为不一样的自己，只要你够幸福就好。

　　所以亲爱的，这里没有别人，只有你自己。要做个别人眼中的你，还是做内心最渴望的你，你说了算。如果你的世界里很多空间，都曾属于别人；如果你的故事里很多内容，都曾被别人改写，那就把剩下的人生还给自己。

　　没有人能偷走你的人生！

冷暖自知，你不是我，怎知我想要的幸福

　　幸福是个被谈烂了的话题。其实，幸福不是既定而成的模式，不是被刻画成什么样就应该是什么样。

　　幸福如人饮水冷暖自知，所以，不要活在别人的眼里，把自己的幸福切割拼凑成不适合自己的样子。更不要让别人描绘幸福的方式，涂乱了自己的人生。

　　就像有的人，在别人的幸福概念里扮演了太久的临摹者，有一天突然发现生活的样子离自己原来越远，强烈地感受到自己内心的那份苦涩，麻木的躯壳、心灵的茫然……濒临发疯的节奏。内心反复问自己，我想要的生活，为什么都在别人的怀里盛开？

　　正如汪峰在《存在》里呐喊着，我该如何存在，我们都在自己的生活中挣扎，在内心嘶吼着不满，甚至会在某一个醉酒的夜晚，对着空旷的天空大喊："这不是我想要的生活！"

　　可是，我们想要的究竟是什么样的生活？每个人都有话说。

　　她想要的生活肉麻得甜腻。

　　她说她想要的生活，一定要远离喧嚣，在城市的某个角落享受

爱的恬静。

她不在乎有没有豪宅香车，过得好不好和物质无关。她只是希望可以有一间盛满爱的房子，里面的每一个角落都是她们精心装饰的，不用很奢华，只要温馨就够。可以和爱人一起上下班，一路上谈天说地，一起抱怨工作，一起听喜欢的歌。晚上，回到那个温暖的地方，拂去一天的疲劳。

很多人说，她想要的生活太简单，平庸得不值一提，可是她却说，别人的抱负是别人的生活，自己的生活只和自己有关。

就算有一天穷得只剩爱，她也可以幸福满溢，她是一个只要有爱，就能沸腾一生的人。

她喜欢站在落地窗前看着嬉戏玩闹的孩子们，爱人似乎看懂了她的心思，从后面紧紧抱着她，一回头，他就在她脸颊上留下了一个吻，然后将头放在她的肩上低语，"老婆，多可爱的孩子，我们也会有的！"

"你想我生啊，那得看你的表现了。"她佯装不愿意地说。

"怎么表现啊？"

"先抱我下楼吃饭吧！"她回头，一脸坏笑地看着他。

他们四目相对，眼中充满爱意，他微微一笑，用手刮了一下她的鼻子，然后将她抱起，在他的怀里，她感觉很幸福很温暖。

他们也会有很多争吵，因为她的任性遇到了他的倔强，但他们从不把矛盾扩大。生活总是会有很多困难，他们会在彼此忧伤的时候，给对方拥抱，握紧对方的手，虽然一句话都不说，却能感受彼此扶持的力量。

夏日晚饭后，他们会牵着手走在有微风吹过的林荫路上，在别人羡慕的眼光里，聊着琐事。

他们会结伴回家看望父母，会在闲暇的日子去旅游，在每一个一起去过的地方，感受细水长流。

时间推移，他们慢慢地老去，不变的是那份爱，永远存在。

这就是她想要的生活，在别人的眼里腻歪得没天理没出息，可是却幸福地盛开在她的心里……

她想要的生活，从身体到工作，从心态到精神，琐碎得有些平常。可是谁说生活就应该大手笔、大线条、大动静？别人想要的生活是为了某一个重点而奋斗，并且集中在这个点上，最后较劲到心力交瘁。可是她想要的生活，是日常细节中每一个"小点"的绽放。

她说，曾经要强的自己，为了活出别人眼里的精彩，一直违心做着不像自己的自己，可当现实一点点清晰，她终于不得不承认很多东西不是自己想要的，最后都会沦为懊悔。想想那些年扮演着别人喜欢的倔强和要强，着实可笑可怜，也因为觉得无法挣脱命运的安排而消沉低落过……

　　但是，自己想要的生活最后还是会在生命的波折后浮出水面。生活从开始就只属于那些懂得自己的人。过去的那些年，为了亲人，她做的每一个决定都要考虑别人的感受，仿佛就是听别人的话才能让自己过得安心，虽然没在江湖，却也一样身不由己。扪心自问，自己想要什么样的人生？可是她发现没等弄明白，人生的一半就已经一闪而过，连发呆惊愕的时间都没有剩下。

　　在很多人的观念里，生活的意义不在于自己想要什么，而在于优质生活的标准是什么，华衣美食，豪车豪宅，优越的物质条件，有人甚至认为为了实现这个目标，可以放弃爱情、孩子和家庭。可是，并不是所有人都愿意被这种物欲的枷锁桎梏生活的自由，于是便有了不同的选择。

　　她说，她想要的生活，和别人无关。

　　她愿意做好每一份工作，但是绝不会强迫自己一定要做到什么职位，工作更多时候是为了体验快乐的生活；物质可以成为努力的目标，但不能成为生活的重心；感情不需要惊天动地，但是一定要真挚长久；健康是最重要的生活基础，没有健康就没有了一切。在内心深处，她想要的就是这样平平淡淡的生活，那些崇高的理想、壮丽的事业，似乎都和她无关。

　　她想要的生活，更接近于精神世界的感受。她会用最好的时光去认识一个男人，组成一个温暖的家，生一个可爱的孩子，身边的人都认为要孩子需要等到物质成熟时，可她却认为孩子和物质无关，生活就应该到什么年龄段就做什么事，错过了那段最适合要孩子的时光，想回去就很难了，物质换不来幸福，幸福却能让物质有了更多不同的意义。

她希望生活的每一天都是在从容中走过，无论外界怎样，心灵都会微笑着舒展每一处褶皱。金钱是生活的必需品，但绝不会成为心灵的桎梏；尊重每个值得尊重的人，不会因为别人的评价和意见而忘记了自己的梦想；做一个认真的自己，用认真的态度教育自己的孩子，尽量不让他们的眼睛看到事物卑劣的一面，给孩子一个纯洁的空间。

每个人都有自己想要的生活方式，所以她不会为了取悦谁或与谁攀比，而强迫自己活在虚伪的浮华里。有些事无从改变，那就随波逐流，但要保持清醒的认识，太多的执念只能给自己带来伤害。有些事自己可以做好，就不会将希望寄托在别人身上，更没必要为了迎合别人，而放弃自己想要的生活。别人的看法固然重要，但日子终究还是要自己过。

她要让自己的时光有书为伴，一想到那样的时光，就美得令人心醉：一轮初生的斜阳下，余晖映着脸颊的微笑，她倚在藤椅上读书，身后是追逐打闹的爱人和孩子们，幽幽书香伴着朗朗笑声，她幸福得一塌糊涂。

　　要时刻提醒自己，有些事自己做不了主，那就随波逐流，但要保持清醒的认识，执拗只能给自己带来伤害。还要提醒自己，有些事自己可以坚持，尤其在不损害其他人的利益的前提下，没必要去迎合别人。别人的看法固然重要，日子还是要自己过。

　　……

　　就是这样的生活，琐碎而迷人，是她一直以来想要的样子。

　　是的，幸福冷暖自知，你不是我怎知我想要的幸福。

　　你的生活不是我想要的，我的生活不是你想要的，我只要我想要的生活，这就是最豪迈的幸福宣言。

身后空无一人，我怎敢倒下？

在慌乱的人生里，有时需要孤立无援。

让自己身后空无一人时，你就有了不再倒下的能力。

当然，达到这样的修为，是千回百转历练之后才有的顿悟。

那是一片广袤空旷的荒漠，沿途都是高山峻岭，荒蛮得仿佛与世隔绝。这里没有视线的阻隔，蔚蓝的天空干净得有些刺眼，就连天上的云，都洁白得那么纯粹。偶尔会看到对面的山腰上有一户人家，映着房前屋后的木棉花，美得不可方物。

突然，一棵高大的枯树上，树顶冒出来一个蜷坐着的少年，衣衫褴褛，隐约可见脸上的伤痕，抻着个脖子，似乎在等待着有人帮他从树上下来，此前此后，数十公里，竟无人烟。

许是看清了眼前的局势，身后空无一人，自己怎能倒下？于是，他对自己开始了一系列尝试性的救援，先不说是怎么上去的，从高耸入云的树上下来，本身就不是一件容易的事。少年开始翻转、伸腿、扬胳膊，有那么几次差点失脚滑跌，惊魂未定后，接着重新尝试，一次又一次努力后，他还是靠着自己的力量化险为夷……

从树上安全着陆的那一刻，他拍拍身上的灰尘，笑着走向远方……

　　相信少年还有很多的"远方"，他会靠着自己，一直这样走下去。

　　男人与朋友合作开了一家公司，还没有感受到创业的满足感，一直以来信赖的朋友却突然卷着所有的钱一夜之间消失了。男人深陷孤立无援中，背叛的耻辱感和失去依靠的无力感，像一把把尖刀刺入他的内心，要知道，这个朋友是他最信任最依赖的人，他体会到了前所未有的痛苦。

　　那时，他的生活仿佛失去了支撑着走下去的力量，压抑却找不到发泄的力量。

　　有一段时间，他突然喜欢上了热闹的迪厅，似乎越是热闹，越能找到一种被孤立之后的依赖感和安全感。

　　三十岁的他，站在摇晃着身体、染着一头黄发的年轻人中间，显得有些格格不入，那一刻，寻找解脱的他忽然发现心灵似乎更加失去了依托感。在迷离炫目的灯光，浮躁不安的人影中，在震耳欲聋的惊涛骇浪中，自己好像变成了一叶孤舟，晃动不安地不知要飘向何处，似乎是个更加不切实际的遥远的彼岸。而当被现实拉回到不得不面对真实的一切时，却又刻骨地感受到，那种更加浓烈的脆弱和无助。

他终于懂得，这种肆意里的恍惚和恐慌，并不能拯救什么，它只是让自己暂时忘却和逃避，在乐尽人散之后，所剩下的是更深的茫茫无边的孤援。

他要给自己一个新的活法。

忽然想起小时候，跟父亲学滑冰的往事。

和每一个初学者一样，刚开始时，一次又一次的跌倒在所难免。所以，父亲给了他一把椅子，让他依靠椅子的力量保护自己。果然，有了椅子作为支撑，他不再惶恐地站在原地，而每一次如履平地的滑行都不再跌倒。很快，椅子就成为他内心坚不可摧的依靠，在他滑冰的训练中扮演着必不可少的角色。

有一天父亲来到冰场，看着那个推着椅子滑冰的他，不由分说地走上去，一把将椅子从他手中撤去。

失去了椅子的他惊慌不安，脚下一哆嗦，跌了个仰面朝天。父亲面无表情，看着他疼得龇牙咧嘴的样子。透过父亲的眼神，他终于明白，想爬起来，站稳脚步，只能靠自己。

"带着椅子永远学不会真正的滑冰，不要以为没有了某人或某种依赖就活不下去了！"父亲一语道破玄机。

一个回忆，击醒了沉睡在错念里的自己。

是的，身后空无一人，怎敢倒下？

滑冰如人生，真要学会滑冰，必须把依靠的椅子拿开不可。

睡狮觉醒站立起来的那一刻，磅礴的力量将势不可挡。

每一次人生的经历，都会得到很多新的感悟和体会。回头再想想第一次创业的失败，他反思到了自己的问题，和需要重新学习的东西。

他决定重新开始创业。创业之路并没有那么顺利，在独自开始第二次创业的几个月里，一笔业务也没有的状况让他心灵受到了很大的冲击，但是他并没有放弃，依旧坚持了下来。出现了问题就需要自己去解决，而当时他只有一个人，没有人可以帮助他给他意见，也没有人告诉他该怎么做。

那段时间，虽然他常常会陷入迷茫，感觉有一种身后空无一人的无助感，但是比起第一次创业时什么都依赖同伴的感觉要踏实多了，只能通过自己的摸索去一步步尝试，而每一次的尝试都是自己用心走出来的，这样的路才真正走出了属于自己的范儿。

终于，在经过对产品质量和服务质量等方面一个一个去思考后，他终于找到了问题所在，之后也终于迎来了第一笔订单。

随着第一笔订单的开始，他的创业之路也越来越顺利。

他终于懂得，成功不是得到了什么，而是明白了什么。他相信自己还有很多的"远方"，他会靠着自己，一直这样走下去……

空无一人的身后，是无边的寂寞和恐慌。而透过恐慌的层层迷雾，看到的是无助之后爆发出的潜能，携裹着自己一点点爬起来向前摸索，那是一种孑然一身的力量，在人生的某个时刻，让你学会了遗世独立时，内心强大的坚持和坚韧。

如果你都不相信自己，别人更不会相信你。

所以，先做最好的自己，让自己心里发出灿烂的光来，才能照亮身边的人。

无比清楚自己的路，无比任性自己的梦

　　"曾经的我想要当一个作家，努力写了很多文章，但都是有头没尾，我没办法创作一个完整的故事。再后来上了大学，选择了自己喜欢的设计专业，可就在刚上大一的时候，每天画图画到吐血，想到以后工作每天要画这么多张设计图，就变得很迷茫，当时就在想，自己想要的生活到底是什么样的呢？"

　　"突然发现大学生活马上要结束了，自己却什么都没学到，学的专业也不是自己喜欢的，想赶紧学点什么，却又不知道自己喜欢什么，整天浑浑噩噩的，我该怎么办？"

　　"我不喜欢自己现在的生活现状，想要更换，却不清楚自己想要什么，怎么办？"

　　"大家都说要做自己喜欢的事，走适合自己的路，爱自己喜欢的人，可是我却不知道自己的路和梦在哪里，所以很彷徨，我一度忘记了自己的初心，我该怎么办？"

　　……

　　这是每一个走过人生的人，心头都曾有过的迷茫和疑问：我希望无比清楚自己的路，无比任性自己的梦，我也想要努力奋斗，可

是却不知道自己想要什么，我该怎么办？

　　有时，我们不知道自己想要什么，是因为太听别人的话，却忘记了自己的初心。

　　就像这个叫华子的男孩。从小父母就教育他要听话，他也就习惯了什么事都听从别人的安排，让别人来为自己的一切做主。高考之前，华子是父母眼里的乖儿子，是老师眼里的乖学生。高考填志愿时，爸妈认为，喜欢的专业不一定有前景，所以还是选一个有利于将来就业的专业吧。可是，未来的事情有谁能预知，以后什么行业有前景，谁都不知道，但华子还是听从爸妈的话选择了自己不喜欢的专业。

　　后来毕业了，爸妈希望他找一个离家近的单位上班，离家太远父母不放心。华子知道自己想去大城市闯荡的愿望在心里已经萌生很久了，但听话的他还是选择了父母的建议，留在家乡的县城里工作。工作还没稳定，父母认为他已经到了谈婚论嫁的年龄，于是张罗着给他相亲，华子认为男人应该先立业后成家，他想趁着年轻多学点东西，可是习惯了听话的他，后来慢慢还是选择了臣服。

　　婚后的华子过着和其他普通男人一样平凡的生活，每天机械化地上下班，麻木而枯燥。只是在午夜轮回时，他会不断地问自己：我是谁？

　　华子是谁？华子就是我们每一个人身上的缩影。那些年，我们太听话了，听兄长的话，听姐妹的话，听朋友的话，听话到在每一次人生做重要的抉择时，都放弃了自己选择的权利，听话到已经忘记了自己曾经一次次在心头翻涌的愿望，忘记了生活是自己的，直到有一天，我们全然忘记了自己的路在哪里，自己到底想要什么。

　　如果，当我们不知道自己想走的路在哪里，甚至不知道自己到底是谁，又怎么会知道自己真正喜欢什么呢？

　　有时，我们不知道自己想走的路是什么，不知道自己想实现的梦在哪里，是因为不敢去尝试，还没有出发，就已经被自己想象出来的未知的可怕打倒了。

　　灵子上学的时候就不是一个安分的女孩。她不是父母眼里听话的乖孩子，也不是老师眼里懂事的好学生，旷课逃学，她一件也没有落下，但是她绝不是一个只知道瞎折腾，却没有思想的女孩，每次考试，她的成绩总是名列前茅。

　　高考顺利进入知名大学，大学毕业后，她没有听从父母的建议留在家乡任教，只身前往北京找工作，在广州，她做过服务员，倒卖过手机，在天桥上做过产品宣传，后来和朋友合伙做生意被坑，差点搭上自己的性命。反正，灵子那些年折腾过的事情，真的就像是一部惊险刺激的冒险大片，给她的成长增添了很多阅历，人生似乎也变得丰富了很多。后来，沉淀成熟下来的灵子找了一份外企的工作，因为聪明机灵，她的业绩非常好，挣了不少钱，后来还晋升为业务主管。

就在大家都看好她的时候，灵子做了一个让所有人都大吃一惊的决定：她决定离开北京，放弃年薪二十万的工作，放弃在北京买车买房的安排，去甘肃支教。

她的决定直接让父母崩溃，母亲打来电话泣不成声地对她说："我们辛辛苦苦供你上大学，不是让你跑到那么偏远的山村支教的！我不否定你的理想，我也不认为支教不好，但是你一个女孩子，去离家那么远的地方，妈妈真的不放心！"母亲声泪俱下的话语像是一根根刺，直接扎到了灵子的心里，她不是不懂母亲的疼爱和不舍，但是她有自己想走的路。

灵子想了很久，她明白父母的想法，堂堂一个大学生，就应该在人人羡慕的首都好好工作，拿着不菲的薪水，买车买房，过上富裕清闲的生活，为什么非要去边远山村支教，瞎折腾啥？

可是，这不是灵子的梦想，她知道自己想要的是什么，她清楚自己喜欢的生活是什么模样。后来，经过无数次思想斗争后，灵子还是选择了去甘肃支教。

女儿执意要走自己的路，父母也只能妥协。有次父母去甘肃看她，走进漫漫黄沙的乡村，车还没停住，就看到远远驶来一辆拖拉机，一脸黝黑戴着墨镜的灵子，无比拉风地咧着一口白牙呼啸而来，拖拉机的右边坐着一个小伙子，那是灵子的男朋友，男孩眼睛发亮，满脸笑容，身上散发着只有那个年龄才有的朝气和灿烂。那一瞬间，父母知道，这个一心想要走自己的路的灵子，是幸福的。

灵子的故事，听上去似乎有一些疯狂，有一些不切实际，因为她的路走得有些反传统，没有约定俗成的故事里，那些每一个人都应该有的令人炫目的成功。可是，执着于自己真正喜欢的生活的她，谁说不是真正的成功呢？

无比清楚自己的路，无比任性自己的梦。这才是幸福该有的模样。

如果你也像灵子一样大胆地选择在自己的路上折腾过、尝试过、拼搏过，你还会不知道自己喜欢的到底是什么吗？

学会选择前，你从未真正快乐

一个情感专栏的作家说，她每天都会收到很多读者的来信，来信的大部分内容都是让她为他们的生活做出种种选择。

"我是该减肥呢？还是该走丰满路线更好呢？"；"看着身边的朋友都有自己的爱好，我也想培养一种爱好，音乐和绘画，哪一种爱好更适合我呢？"……

这些只是生活中的小事，商讨一下也是可以理解的。

但是很多人生大事，他们都会找我拿主意："我发现自己对读书不感兴趣，我该选择马上投身社会赚钱呢？还是去学点别的手艺另觅谋生方式呢？""马上高考了，我是报考中文这个专业，还是报考艺术设计这个专业好呢？""我本科毕业后应该继续读研，还是赶紧工作赚钱好呢？""我是该继续做自己不喜欢的工作，还是换一份更适合自己未来发展的新工作呢？"。

还有很多人居然让我为他们的爱情婚姻家庭做出选择："我失恋了，是选择继续挽回前任呢？还是寻找下一任呢？哪一个选择未来会更幸福呢？""我有一个男朋友，我不是很爱他，但是他事业稳定，经济条件好，我该不该和他在一起？""我爱上一个女孩，本来打算和她结婚，可是婚前她告诉我她以前有过一次婚姻，很失败，和我在一起后才知道什么是真爱。我听了心里很矛盾，爱她可又觉得她是一个离过婚的女人，心里特别扭，我到底要不要和她结婚呢？""我结婚后到底该不该要孩子？工作几年再要？还是趁年轻赶紧要？"……

天哪，这些可都是终身大事啊，他们怎么敢让别人出主意呢？万一给耽误了呢？到底谁能为谁的人生负责？

作家说，我担当不起这么沉重的责任。

作家是个聪明人，是的，没有人敢为你的人生负责。没有人自以为是到认为你一定会听从他的选择，也没有人能够决定你未来生活的走向。

人生是自己的，当你学会自己选择时，你就活明白了，也知道了什么是真正的快乐。

选择并不是一件容易的事情，因为选择里有很多未知。选择也是一件幸福的事情，因为选择里有很多自由的人生状态。而很多时候，我们害怕未知，却忘记了自由，于是没有勇气自我选择的人生就成了被奴役、被控制的命运。

还有更重要的一个原因，是我们没有自我的存在意识。面临选择的时候，我们总是在想别人希望我们要什么？父亲母亲想要什么？兄弟姐妹想要什么？爱人闺蜜想要什么？甚至会顾忌陌生人怎么评价自己？唯独忘记了自己的需要。每一个人的想法和人生态度都不一样，因此我们的选择不可能满足所有人的要求，于是结果便是不知所措、痛苦万分。有时候恍然间，我们甚至不知道"我"在哪里，更不知道"我"的心里到底想要什么。一个找不到"我"的我，又怎么会快乐呢？

一个女孩，曾坦言自己害怕选择，她说："我不是不愿意选择，而是认为自己没有资格选择，从小到大，家人为我设定了一切，该做什么，不该做什么，似乎都是被安排着一路走下去的……"谈恋爱的时候，明明和男友感情很好，可就是不敢自己决定是否结婚的事儿。家人说，结婚不是一个人的事儿，是一个家庭的事儿，她担心她的婚姻会让亲人们不幸福；就连生孩子的事情，都在别人一句"你不是给你自己生孩子，你是给我们生孩子"的语言暴力下，戛然而止……

她一生的幸福，似乎也因此戛然而止。

现在的她是个活得自由的人，在她的信念里，一个人要活得自由且有尊严，首先要能养活自己的选择权。工作上，她是个能干的女人，白手起家，创业多年后，成为著名的企业家。

　　她说，年少青春时的她，在心灵和精神上也曾有过很多彷徨。

　　年少时，有那么几年，她也曾是个没有决断力的人。可渐渐地，她就发现其实很多事情自己都已经能够独自面对，不需要谁的帮助，也不用谁的指引就能完成。尽管以往也曾无数次被打败，在学校被成绩打败，在比赛上被对手打败，在感情上被情敌打败，求职中被同行打败。这些太多挫败，有时候会夺走心底的自信，心里的热情突然被当头一盆冷水浇灭，挫败感渐渐在心头积压，直到有一天你再也无法承受，那一刻她觉得自己的生活看不到一丁点希望。她很想努力再次选择，可怎么也找不到那种再继续下去勇气了。

　　而此刻，身边又不时传来很多质疑的声音，于是不被理解的流言蜚语，就像一根根针，直接刺入她的心灵。有时候一件事还没开始做，就有人告诉她未来不会有希望，或者直接说她自不量力，让本来就已经被剥夺了自信的她，顿时感到一种绝望。她也曾害怕选择，也曾想过放弃选择，干脆把选择权交给别人。但倔强的她还是决定扛过那段艰难的时光，依旧继续前行，朝着自己想要去的方向。她很清楚每个人都有一条属于自己的路，尽管在某些时候这条路可能变得模糊不定，但永远不会迷失。

　　后来随着离开了学校，离开了家，各种她预想不到的挫折困苦，一浪接一浪的袭来，那时候她学会了不能哭不能闹，学会了一个人独自坚强。她知道每一件事情只有自己亲力亲为地做出选择,才是真正属于自己的人生,只因人生该怎么走,本来就是自己的事。

她说,这世上有太多人,根本不知道自己要什么,他们总是随波逐流,无法肯定自己的生活。而她,却找到了无比清楚的自己,她觉得自己很幸运。

就像一位女博士说过的一句话:"我读了这么多书,如果连自我肯定,自我选择都做不到,别人说什么就是什么,那才是悲哀。"

说得真好,可以说正因为选择的不同,我们才有了每一种生命个体独特的存在形态。一个人只有在选择中绽放,他才算真正活过。如果我们的每一天都是在别人的选择下度过的,那生活也只能是"二手"的。

你替别人而活,复制了别人的人生,还有比这更糟糕的人生吗?

我就要你这一次，为自己做主

有些人一直因为犹豫没机会见，等有机会见了，却又犹豫了，见，不如不见。

有些事一直因为犹豫没机会做，等有机会了，却无法再做了。

有些话一直因为犹豫没机会说，等有机会说了，却找不回那时的感觉了。

有些爱一直因为犹豫没机会爱，等有机会了，爱已消失不见了

人生有时候，总是充满讽刺，曾经没有主见的犹豫和错失，就像一记耳光，在未来的某一天打疼了自己。而每一次犹豫的一转身，就可能是一生。

于是，我们的生活中平添了一种痛苦，叫错过。而每一次失之交臂的错过，都会在经年之后，在我们的心里留下一道伤口，在那里，我们因错过而遗憾和痛苦，心如刀绞。我们喋喋不休地说："我当初就不该……""假如……我会……""我应该自己做主……否则就不会……""当年的我为什么那么没主见……如果是现在的我一定不会……"我们总习惯在为过去的某个时刻，自己为什么那么没主见而后悔。其实很多时候，我们选择了一条路，一旦走下去，也

许就再也回不去了。

所以，不要让没有主见的错失，成为未来的一记耳光。

20 岁时他说："我因为没有主见，错过了生命中第一个让我心动的女孩，这是我终生的遗憾。"

25 岁时，已经结婚的他说："我听了别人的建议，错过了一个新的工作机会，以后可能再也没有这么好的机会了。"

35 岁时，而立之年的他懊恼不已地说："我犹豫不定之际，刚错过了一个晋升的机会，再等下次不知道要到何年何月了。"

45 岁时，步入不惑之年的他伤感悲痛地说："我因为踌躇不定，错过了选择第二次创业的机会，我知道这个年龄的我以后不会再有这样的机会了。"

65 岁时，垂垂老矣的他颤抖着双手说："我错过了保养身体的最佳时间，这些年，我一直在错过，犹犹豫豫之间，一生就这样没了。"

他说，如果能回到从前，他一定要抓住每一个可以把握的机会，不再犹豫不决，不再彷徨不安，而是牢牢地握在手里，永不放开……

一个心理医生说，每一个来找他看病的人，上来的第一句话就是很迷惘地问："你看我该怎么办呢？"

我该怎么办？该选择什么样的生活？该做什么样的工作？该如

何安排自己的婚姻？该如何经营自己的家庭？该如何计划自己的前途？这些都是属于自己的问题，需要自己亲自去解决。

别人的意见永远无法替代那些年曾经真正走进我们内心的初衷，那些一直在梦想的彼岸闪烁着光环的念想，我们完全可以走在通往那里的路上，而不是让别人的梦想牵制着自己的方向。其实，每一个敢为自己做决定的人都是所向披靡的勇士，将来的成败得失，一切的滋味只有在自己的心头汹涌澎湃起来的时候，那才是真正的酣畅痛快，不是吗？

回忆起那些年，面对未知的命运，不知道从什么时候开始，我们似乎已经习惯了把人生交给别人，该念什么科系？要听老师的意见；要读那所大学？得问问父母的看法；什么时候该结婚生子？由姐姐做主；换工作与否？则要听爱人的心声。

或许这样的日子不经意间成了一种理所当然，我们习惯了把自己抛诸脑后，带着别人的意见上路，走着走着，就走成了一条不知怎么回头的不归路，走着走着，就觉得沿途的风景，只要别人喜欢，自己也可以违心地喜欢着。

问题是，一去不返的是我们自己的人生，我们的时间、我们的青春、我们的前途、我们的快乐，它们就这样和我们告别，永远也找不回来了。

你一度忘记了你是谁……

一辈子那么短，短得还没有尽情尽兴，忽然有一天猛然惊醒，看到了自己傀儡一般的生活，希望一切能重新开始，但蓦然时，一切可能都已经来不及了。

这一生，在滚滚红尘中奔走、打滚，时间，真的就像是一场人事纷繁的见证，把曾经的错误，突然就挥洒在你的面前，赤裸裸地露出你曾经的荒谬，让你一夜惊醒，却也一夜坍塌。因为，我们只能活一次，所有的决定都只有一次机会，错过就不会再重来。

那么，请不要让曾经没有主见的错失，成为未来的一记耳光。

而很多时候，这个世界上太多人不知道自己到底想要什么，于是一场人生闹剧里发酵出来的悲剧，便在你走过的人生路上萌芽生长。千回百转之后，折腾了大半生才发现，在别人的故事里，没有属于自己的情真意切，就算每天都有不同的人生桥段上演，可惜那个主角总不是自己。

不知道自己到底想要什么会让人迷茫不知归路，但是知道自己想要什么，却在没有主见的错失里懊悔，更是悲剧。

如果有一天，你不再寻找梦想，只是去做；你不再渴望依靠，只是去走；你不再追逐成长，只是去修；你不再预支未来，只是去行；你不再惧怕选择，只是去爱；你不再放弃自我，只是去悟，一切才真正开始。

做一个最像自己的自己，没有犹豫，就没有后悔，不去想未来的可能会有多么糟糕，不去想走下去的路会有多少危机。只有尝试了，才知道何处是美，既然内心向往自由，那又何必被别人的目光束缚。

　　放手去做内心渴望了许久的事，只有这样，未来回首的那一刻，你才不会让自己在若干年后看着校园里某个身影，流着泪说，如果能回到那个时候的那个我，一定不会再错失。

　　就这一次，我就要你这一次，为自己做主。

请不要逼我活成"别人那样"

　　我就是我，请不要逼我活成"别人那样"。这是一种发自内心的，对承受了很多"非自我"的人生待遇后，发自内心的呐喊。

　　生活最难受的状态是这样的："丧失了自信的能力，也不懂得做真正的自我，总忙于迎合他人对自己的期望，因为太过害怕做自己后会受到批评与否定。"

　　生活最舒服的状态，应该是："我总是做自己，表达自己，相信自己，而不是去效仿一种成功的样子和复制它。"

　　对比之下，才发现，自我，就是最好的自由！

　　是的，人与人最美的相处，不仅仅是共同的扶持和相容，更重要的是，在你面前，我可以勇敢做自己，那是你我之间最舒服的相处方式，我永远可以勇敢洒脱地表达最真实的自己，不必伪装自己，也不会担惊受怕，害怕在你面前，我不是你想要的样子。

　　那是怎样的酣畅淋漓啊，在你面前，我真实而无畏，坦荡而无私，我们如同两杯清澈透明的水，各自有各自的姿态，然后又彼此融合。因为我知道，任何的虚伪矫情，都会成为我们彼此生命中不可承受的沉重枷锁与镣铐。

　　当然，我要自己，不是完全不顾及你的感受，撒开了性子任性做自己。而是，用最好的尺度在你面前，给予你该有的尊重，也给予自己该有的坚持，为彼此保留一些空间和退路，这是充满了温情与睿智的氛围，我们用心为彼此修炼成更好的自己。

　　她曾经特别痛苦地经历过一段"人生怀疑期"。当时工作生活都进入了平淡的状态，生活中似乎失去了新鲜刺激的感觉，没有突破的感觉就像是被按下了休止符，所以总觉得每一天的内心都是麻木消沉的。

　　老公不以为然地说，别人都是这样过来的，你到底想要什么呢？你过着别人眼里标准化的幸福生活，难道这些还不够吗？

　　她知道，在人们的眼里"别人都那样"是生活原本应该有的模样，大家恪守着这种被固定下来的模式，逼着自己，跳出曾经的初心，游走在本不属于自己的世界里，从过去到现在到将来，那些努力追求的幸福，仿佛成了一种永远不会改变的答案。

　　渐渐地，她看着自己，就像是看着一件别人的复制品。她觉得自己在别人的样子里，模糊了自己本来的样子，她过着"别人那样"的生活，却失去了自己，所以，自己曾经想要的生活，她好像总是触摸不到。

　　她知道，那句一直以来在心里喷涌而出的："我不是别人"，是自己发自心底的对"别人都那样"的生活的反击，击退的不仅仅是别人的眼光，还有自己的妥协。那是一种充盈内心的感觉，是对自己的认可，是一路携裹着自己酣然上路的畅快，而不是别人看上去那样的生活。

回忆这一路走来的时光，她知道自己一直都在"别人都那样"的漩涡里打转。

小时候，"别人家的孩子"成了她未来的楷模，他们在别人眼里的好成绩，他们聪明能干的优秀，他们为人处世的成熟，都是父母口中应该套在她自己身上的"别人都那样"，这让她一度忘记了自己的个性。

长大后，当工作一次次偏离曾经的梦想，变成了一种不得已而为之的勉强时，总会有人对她说，"那些成功人士不都是这样过来的吗"；若是她打算试着改变此刻的现状，重新开始另一种自己喜欢的生活方式时，家人会毫不客气地指出来，"大家都是这样过的，你还想怎么样？"；尤其是当她想做自己喜欢做的事情时，当她打算走出独特的自己时，身边的人们都会跳出来轮番游说："折腾什么呀，自己还没活明白呢"

所以，她活成了别人眼里的自己，感情不顺利时，为了成为别人眼里幸福的楷模，于是只能选择将就；工作不喜欢时，为让自己成为别人嘴里的成功人士，她迟迟不敢选择跳槽；而进入婚姻，她在发现问题想要改变现状时，对方则会认为：天底下所有的夫妻都会这样，这是很正常的夫妻该有的"那样的生活"。

她想，如果说争吵是夫妻"该有的生活"，那么这种模式化的标准会给多少人带来痛苦？

奇怪的是，有很多时候，人们居然就这样拿着一些荒诞的标准，来规划自己和别人的生活。

她想，既然每个人都可以容忍不和谐的感情，那么自己就不应该"不将就"；既然不喜欢的工作都可以成为别人认为的成功，那又何必折腾呢；既然争吵的婚姻也可以成为理所当然的，那么自己违心坚持到最后也是应该的……可是，她明显感觉到了心底的疼痛，削足适履，一点点让自己成了"别人"，而不是自己。

别扭地过着自己并不喜欢的生活，忍受着并不适合自己的一切，她告诉自己，"别人都那样"，自己也应该那样。

可是，心底却还是抑制不住地，向往着那种恣意快活的生活。

幸福不是成为别人眼里的应该，成功不是活成"别人都那样"的模型，每个人的内心都有属于自己的理想生活。她知道，所有这些理想，都曾经在自己的脑海心底翻滚过，但是最后终于汇聚成了一句话，"做自己"。

她知道，在她的内心，有另一个自己，是和别人不一样的。所以，她告诉自己，以后永远不会再拿"别人都那样"作为自己生活的全部目标了，她给自己换了一句另类的座右铭，那就是："我才不那样。"

她说，自己不是桀骜不驯地拒绝别人的忠告，只是更加清楚自己想要的是什么，更加明白自己的目标，更努力地去做自己的事情，更用心地去投入每一次生活的体验，也更能坦然地接受每一个无法预知的结果。

和别人是否一样，永远不是判断人生对错的标准。唯有，做自己想做的自己，才是唯一标准。是的，月亮再皎洁都不能黯淡了星星的明亮，相信你就是独一无二的你，是颜色不一样的烟火。你只需走在你想走的路上，保持你的本色，就是最好的自己。

所以，请不要逼我活成"别人那样"。

"不凑合"的人生

有人说，最温暖的爱是不凑合。那么，最美的人生也应该是这样。

还记得年少时的梦吗？曾经像是一朵永不凋零的花，可不知道从什么时候开始，花已凋零到面目全非，日子过成了失去初衷的模样。也不知从什么时候开始，期望中的自己，已然变成了只在回忆中闪着光芒的泡影。

这都是那些日复一日的凑合，荼毒了原本华美的人生。

她说，在她的人生字典里，就没有"凑合"两个字。

记得小时候，父母似乎都习惯了凑合过日子。

那时候和妈妈去旅行，节俭惯了的妈妈每次都是面包方便面凑合一顿。

袜子穿坏了，不安分的大拇指钻了出来，她要求换新的，妈妈会说，凑合凑合吧。

出去买衣服，逛遍整个城市都挑不到她喜欢的，妈妈总是生气地说她太挑剔，凑合一下不行吗？

不行！她就是不要凑合的人生。

八九岁的时候，每每出去买东西，她总是精挑细选，希望把最好的东西买到手。身边很多亲戚都说，这孩子小小年纪，就开始挑三拣四，以后还了得。她可不在乎别人的眼光，在她看来，为自己挑选最好的东西，是自己的权利。

上中学的那段时间，无论是生活中的事还是学习上的事，她都会毫不犹豫地选择用自己喜欢的方式去处理，如果有人用自己的想法，来强迫她改变自己的想法，她都会不假思索地拒绝。人生是自己的，干吗要为了别人的意愿而凑合自己呢？

一直以来，考到北京重点大学是她的梦想。高考那年，面对高手如云的角逐，所有的人都劝她放弃北京，重点名校，退而求其次，考个二本，把握还大些，万一考砸了，就一点胜算都没有了。可不愿意在别人的意愿下凑合的她，还是坚定地报考了北京的学校，大不了考不上再复读，她坚决不要凑合自己未来的大学生涯。最后，不凑合的她真的考上了北京的重点大学。

其实，不凑合，就是一种所向无敌的力量。

毕业后找工作，很多人都为了尽快结业赚钱，而凑合着选择了自己不喜欢的工作，甚至身边很多亲人朋友也劝她这样做。可她却偏偏不，求职应聘半年之久后，终于进了一家自己喜欢的公司工作。每天做着自己乐此不疲的事情，她知道，这是不凑合的人生态度带给她的快乐。

在北京的她，和很多正在努力打拼的年轻人一样，面临着租房的问题。很多人为了省钱都选择了合租，三四个人共用一间屋子，那种不方便可想而知。而她认为，哪怕多花一些钱租间小一点的房子，也不要跟人无止境地合租下去。钱花完了以后还可以赚到，但是如果人生不能按照自己的想法走下去，那这些被委屈的时光以后就再也找不回来了。

二十六岁那年，她依然独身一人，成了典型的"必剩客"，很多人诧异条件这么好的她，为什么找不到合适的对象。于是，家人朋友开始频频逼婚，所有人都劝她别太挑剔，等到了三十就真的嫁不出去了，甚至还有人劝她，要不要凑合找个人嫁了。而她认为，人生那么短，可以肆意挥洒的青春更是短的可怜，为什么年纪轻轻就要凑合？

她知道，很多人的婚姻都是为了结婚而凑合过日子，是为了做给别人看的幸福。

但是她绝对不会为了别人的眼光，而凑合自己。

就像买车的时候，北京的车牌要摇号，中签率只有千分之几。

半年后，她摇到了车牌，很多人都建议她先不要买车，本来就没有多少存款，不如先攒钱买房，然后再解决车的问题。大家都说车是消耗品，而房子的升值空间是不可估量的。

但是她还是果断地买了车，而且买的还是自己一直以来就喜欢的那种款式，她说自己等待有车的日子已经等了很多年，没有一定要先有房后有车，她偏偏要先有车后有房。

总之她的字典里只有三个字：不凑合。

她知道人生那么短暂，短得还没来得及感受，就扬长而去了。所以，那些自己想要的东西，才显得更加弥足珍贵，所以，她想要的每一样东西，绝不凑合。就算最后想要的没得到，不想要的也没有了，就算到最后，孤独终老，两手空空，也不要把生命浪费在不喜欢的人和事上。

三十五岁那年，她终于遇到了生命中等待了许久的真爱。

那一次，老公开玩笑地问她，如果你没遇到我会怎样？

她说"哪怕等到五十岁，也要找到那个自己喜欢的人才结婚。"

看着身边经常因为感情不和而吵架的夫妻，看到那些没有爱情的婚姻走到最后都是厌烦，看到一段凑合的感情艰难地走到最后一步步分崩离析时，她庆幸，自己不凑合的选择是正确的。

是的，因为她的感情是不凑合的，所以注定和别人的婚姻不一样。

当你压抑着内心最想要的爱情，凑合着接受了"退而求其次"，你一定在埋没着内心最渴望的美好时，一并承受着痛苦的遗憾，也一定会在无数个彻夜难眠的夜晚被空洞的心吞噬着。一旦有一天你发现当年不喜欢的选择带给自己的是今后无尽的悲伤，你一定会做出更疯狂的事情来报复那些年被迫凑合的过往。

无论何时，我们都要相信自己值得拥有自己喜欢的一切，最好的人生，最好的衣服，最好的事业，最好的爱人，最好的婚姻，最好的孩子，最好的朋友……当你相信自己值得拥有这一切的时候，就会激发你内心所有的勇敢去实现，去完成。

哪怕不能实现所有的愿望，但是，在全力以赴去走自己的路上，我们已经体验了最好的人生。

是的，问问自己的心，这辈子就这样如跑龙套似的过着别人喜欢的生活？凑合来的，还是自己的人生吗？

年少时凑合了、读书时凑合了、恋爱时凑合了、结婚时凑合了、工作时凑合了、就连生不生孩子也凑合了，短暂的人生，最后不过是看着落日的黄昏，回忆往昔时，那一声自己都不愿意听到的叹息。

尽管坚持做自己，只有两个结果：一个是收获了不凑合的人生，一个是收获了大器晚成的人生。

但是无论哪一种人生，那种全力以赴的激越，都是最美的绽放！

第六辑

人生是自己的，没有人能决定你的人生

生活是自己的，把自己还给自己

韩寒说过：我所理解的生活就是，做自己喜欢的事情，和自己喜欢的一切在一起。

没错，没有人能决定我们怎么去生活，生活是自己的，自己提出的问题要由自己去解答，想要过什么样的生活，没有人比我们自己更了解自己内心最真实的想法。

我们这代人，最重要的就是改变，把自己还给自己，用勇气坚守生活的自主权，给自己一个不后悔的未来。

有人说，生活像捉迷藏，大部分时间用来"找自己"。刚找到一点，不久却又迷失了。关于成长，似乎是永不停歇的折腾，不停地痛、疗伤、愈合、接着又痛……如此重复，渐渐找到了那个藏在角落里的自己，并且慢慢地学会认识它，了解它，读懂它，接受它，驾驭它。

网络上曾经流行一段经典的话："走自己的路，让别人打的去吧"。自己想做什么就直接去做，不必太在意别人的想法。如果为了顾虑别人的感受，不得不去做自己不愿意做的事情，只会使得自己不知所措，不知所向。想要找回自己，但又那么力不从心。这种

生活在别人安排下的日子，无疑就是对身体的束缚和心灵的囚禁，
没有丝毫快乐可言。

　　女孩是个特别有主见的人。高中毕业考大学那会儿，她和其他
人一样面临着选志愿的关键抉择。妈妈坚持让她报某某专业，考公
务员，说是为了让她将来有一份稳定体面的工作；亲戚们也各抒己
见，众说纷纭。但是女孩一直喜欢文学，高考前一个礼拜，那天晚
上，爸爸对女孩说："其实，人这辈子最幸福的事莫过于做自己喜
欢做的事情，不要为了别人勉强自己，我们也不勉强你，你想选什
么就选什么，你想做什么工作就做什么工作，家里不用你养活，爸
妈也不求你出人头地，只要你快乐就好。"旁边的妈妈也赶紧补充：
"对对对，妈也不干涉你了，你自己活得开心，自己能养活自己就
行了。"

　　因为父母的开明和支持，女孩始终坚持做自己喜欢做的事情，
从事自己喜欢从事的工作，嫁给自己喜欢的人。女孩觉得如果不过
自己想要的生活，不活得属于自己，就算终有一天活成了别人眼里
的精彩，自己却不开心，那又有什么幸福感可言呢？将来都是要生
儿育女的，自己过的身心俱疲，又拿什么说服孩子热爱生活呢？

　　女孩说，在她生活的周围，有些人总是喜欢把自己的想法强加
于别人，比如，女孩结婚后一直坚持要个孩子，那个时候她的姐姐

不止一次阻挠说："你现在的条件允许吗？生了你养得起吗？你这不是给家人找负担吗？"女孩心想，生孩子是我自己的事情，没人能替我做任何决定！于是，一年后她的儿子如期降生，她在自己的坚持中胜利地完成了做妈妈的梦想。

有时朋友在一起和她讨论关于工作的事，女孩总说，她只选自己喜欢的工作，在她看来工作这事无外乎就是图名、图利、图乐。自己对名利没有什么高标准，活着就图个乐呵。有时朋友们也会对她的活法提出质疑，认为她这是对家人对孩子的不负责任，不努力赚钱为父母为孩子提供优越的物质环境，这样无疑是做儿女做父母的失败。

女孩有时也会有一丝困惑：我这样做是不是真的对孩子不负责任，我是不是真的不是一个孝顺的女儿。对此，女孩爸爸的同事是这样说的："你父亲一直就是一个很有个性的人，别人下海，他干个体；别人当官，他支教；别人倡导计划生育，他要俩孩子；别人盼职称，他想退休。你们家的人就跟别人不一样。"

女孩一想还真是，她自己从来没想过要飞黄腾达，一辈子努力去拥有自己想要的幸福，物质好坏这事，没有标准，没有尽头，想过多好就能过多好，一味追求名利，不是自讨苦吃吗？

我们无法控制未来，只能边走边看；但是我们可以管理自己现在的生活。谁也不能安排你的生活，只有你能决定自己的生活，只有你希望自己过什么样的生活，你才会过什么样的生活。你可以被现实推着走，但是在还来得及的时候，请选择自己想过的生活。

生命中有一种负累，让人苦不堪言，那就是失去自我，为别人活着。人生匆匆而过，为什么要在活着的有限时光里将自己的夙愿深深埋藏？每一段被束缚的时光都是对生命的辜负，每一段被错过的时光都是对未来的折磨，而每一个现在的选择，都是未来生活的影子。所以，给现在一个自己想要的选择，必然能照见一个属于自己的未来。

是啊，生活中我们不能只想着自己的感受，但是太在意别人的看法，那样的人生就不再属于自己了。生活是我们自己的事情，未来的路，需要我们自己做出选择，别人只是过客。

可见，不是生活剥夺了我们的快乐，是我们自己亲手扼杀了快乐的生活。当我们成为别人的"囚徒"时，当意识到身心不自在时，请释放自己、找回自己。把自己还给自己，这才最正确的生存姿态，这样的人生才算是真正痛快的人生。

也只有这样，才不会让未来挂在嘴上的许多抱怨，成为你所有的人生。

人生到底该怎么活?

该怎么活，那些年，成了我们心中无法破解的咒语。

一遍遍的问询之后，那一道道必须自己填写的人生填空题，还是被别人的笔留下了划过的痕迹。

小时候，她喜欢像个男孩子一样爬高爬低，研究各种奇怪的东西，来充盈童年的好奇心。可是父母说"你应该有个女孩的样子"，她犹豫半天，拍拍身上的泥土，放下心爱的机器人，穿上粉红的裙子，老老实实地扮起了小淑女，尽管她不喜欢装成公主的样子，但是只要家人喜欢，她就只能做个"乖孩子"。

高考，人生关键时刻，她满脑子奇怪念头的迸发，激昂着她的内心，于是做好准备，报考地质考古专业。可是身边的人说"考古的未来就是农民工"，距离小资的生活相差甚远。她虽然有点不情愿，但还是选择了别人喜欢的专业。

高考成了别人的考场，未来成了别人的梦想。她去到那座不喜欢的城市，读着不喜欢的专业，可是心却还在那座期待了许久的城市，和那份自己憧憬了很久的专业。四年里，她每天都像是嫁错郎的怨妇，迷失了自己，却又不知道自己该做什么。

她以为大学毕业，是自我生活的开始，她只想在结束了不喜欢的专业后，找份喜欢的工作，走自己想走的路，过自己喜欢的生活，有没有钱没有关系，有自我就可以了。可是身边出现了一大批考研大军，于是身边的人说"考研才是更好的未来"……后来她被绑架着走上了考研的路，没日没夜的读书，走眼不走心的生活，她过着人人都应该过的，但自己心里却觉得无聊至极的生活。

恋爱总该是可以自己决定的了吧？可是，她挑男人的眼光，在不符合别人挑男人的眼光时，她就只有"舍己求变"了，自己似乎不重要，重要的是，她已经习惯了随着别人的"口味"，改变自己的"味蕾"了。

结婚的时刻，买房子的时刻，生孩子的时刻，换工作的时刻……人生中那些最重要的时刻，她永远是自己缺自己的席。每一道本该由自己填写的人生填空题，都没有自己的笔迹。生活里永远都是别人的影子，兄弟姐妹，亲戚朋友，老师同学，唯独没有自己。

别人七嘴八舌指手画脚地填写着她的人生，左右着她的未来，甚至，掌握着她的幸福。

看着自己走在别人的世界里，她觉得很荒诞，像是一个被迫涂满油彩的小丑，表演着别人喜欢的样子，还要扬起嘴角强颜欢笑，她觉得自己很可怜，一直都没有过上自己喜欢的生活，而是别人想要她过的生活，或者，在爱的名义下，别人认为她应该过的生活。

她仿佛成了别人理想的延续，带着别人的梦去完成别人的人生。也可能是他们将所有对人生的缺憾，以她为填补去抗衡不完美人生的武器。

总之，她唯独不是自己的。

在每一次的选择面前，拿起来又放下，她知道。选择，不是一个人的事，是两个人的事，是三个人的事，是一个家庭的事。所以，她宁愿放下自己无数次想要拿起来的东西，她知道，就算不能拥有，至少不会伤害别人。

不如委屈自己，又何妨？

后来，她发现自己越长越大，那种委屈一天天被放大，没有力量去做自己，不能选的东西仍然摆在那里，那么刺目地灼伤了她的眼，刺痛了她的心。她想要再次拿起来，却已身心俱疲，无力拥有。

她知道，越来越多的东西，她的人生里最渴望的东西，当年错过了，今后只会越走越远，越走越急，远得自己再也追赶不上了。

就像是那一次婚姻，不止一次有人跟她说，你和一个自己不喜欢，家人却喜欢的人在一起，幸福的指数只会下降，将来痛苦的不只是你一个人。

她懂得，可是却无能为力，是的，没有爱的婚姻，就像是没有氧气的空间，一开始也许还有呼吸的余地，可是坚持到最后，剩下的只是彼此窒息的挣扎。她用她的冷漠冻僵了他的爱，他用他的无视刺痛了她的心，当彼此之间，没有了爱，也没有了心，最后留下的不过是决裂。

一场决裂的婚姻，还有什么坚持下去的理由。

看着孩子面对残缺的家庭时孤独的眼神，她越想越害怕。如果，那一次，她不再掩藏自己的坚持，也许现在不会是这般的痛不欲生。

后悔，就像是错误抉择之后的一次宣判，她站在审判台下，像是看着别人的故事一样，看着那个茫然的自己，看着看着，忽然就看懂了。

原来，这些年，她压抑了内心最真实的想法，苦苦地坚持着走别人认为正确的路，走到最后，居然走成了习惯，习惯到不再回头。

而面对对自己寄予厚望的人们，他们认为这是很正常的，甚至会为自己开脱：我是为你好啊，是因为爱你啊，你还有什么不满意？

这句理直气壮的言辞，裹着和颜悦色的外衣，看上去似乎显得分外温柔。

其实，却在武断的荒谬里，错了自己的人生，也错了别人的
人生。

是的，你掩饰着自己走着别人的路，同时别人用自己认为理所
当然的想法控制着你的人生。两个荒谬至极的作用力，分裂了你的
人生，甚至彼此的人格。

想起来，就觉得不寒而栗。

其实，该怎么活，是属于自己追问的填空题，每一笔答案都应
该用自己走过人生的脚步，一步步踏上去的。而那每一个脚印里，
都有着自己参与的喜怒哀乐，是只有自己才懂得的人生体验。

而当一处处人生填空题里，满是别人填写的答案时，我们的人
生已然变味，变得无所适从，变得不知所踪，甚至连该怎么继续活
下去，都不再是了然于心的清晰。

因为你的人生，你从来就没有参与过，所以你才茫茫不知归处。

你要做的，就是奋力挣脱那道绑在自己身上的枷锁，释放不属
于自己的心，甩掉那些寄托着别人的期待、爱和渴望的阴影，改变
曾经跟着别人的方向和轨迹行走的路线，努力地去做自己，

成为自己，本身就是一种拼尽全力的勇气和智慧，无论付出再
多，都是值得的。

　　每一个自我追问下，一笔笔填出来的人生，你才会更真切地知道什么是对的，什么是适合自己的，什么是属于你的真正的幸福，什么是你想要努力去爱的，什么是你该坚持都最后的笃定。

　　而不是，成为别人的影子，或者，一张写满别人笔迹的答卷。

　　这沉甸甸的人生，谁能为谁负责？

其实，你不必太过用力

人生要不要过得狠一点？

那么狠给谁看？

也许很多人的答案是：当然要，狠给别人看。

好像是人之常情，没有人的人生是狠给自己看的，那股狠劲，好像都是为了先发制人，或者狠给别人看。

就像人们都说，优质人物都是狠角色。他们也用自己的狠，向人们证明了自己的优秀。

那些表面看起来风光无限、光鲜亮丽的狠角色，他们有自己庞大的事业，还能将自己的外形打理的无懈可击，几十年如一日，好像他们与生俱来，就应该是这样的光彩夺目。

而当他们卸下所有浮华的装备，将自己最真实的样子瘫在床上，疲惫到没有余力的时候，也许那份艰辛的累，只有他们自己知道吧！

很多时候，狠狠的人生，都是做给别人看的，迎合了别人的目光和要求，才能成为别人嘴里最美好的赞誉。而为了这些赞誉，又有多少人，失去了自己想要的舒适人生？

不妨说，如果为了自己，那么，其实你的人生不必太过用力。

她是人事经理，招聘是经常会有的工作内容。

那一次招聘广告文案，对面是一个面貌清秀的女生，对答如流，能听出来是一个有着丰富工作经验的女孩，知识面也很广，并且对自己未来的计划都有着清晰而周密的安排。谈了半个小时，双方都特别愉快。

最后当聊到关键问题，关于什么时候可以尽快入职的时候，她按照企业招聘的常规流程答复女孩，说你回去等通知，如果正式上岗要两个星期之后，因为还需要上司的二试三试之后，才能定下来。

女孩突然面露难色，欲言又止，她看出女孩有什么为难之处，于是问她有什么要求可以提出来。女孩不好意思地笑笑说，面试结果能不能快一些公布，她也不好意思地回答说，每一个公司的招聘流程都是这样的，而且公司还有其他的事情要安排，希望她能理解，但是公司会尽量安排。

女孩开始面色阴郁，突然间流露出焦虑的神色，甚至还有些坐立不安。她看出了女孩的变化，于是试探性地问女孩是不是有什么难处，或许她可以帮得上忙。

女孩于是回答，说她从小就是个对自己很严苛的人，每一件事都要精密筹划，精心安排，甚至要规避掉未来可能出现的种种危机，力图将一切做到最好。她不允许自己的人生出错，所以事事不能懈怠，一定要胸有成竹，有把握，才会去做。也是因为这样，所以从毕业开始就规定自己一定安排好自己的工作和生活，生活要做到最完美，工作要做到最完善，为了坚持这个原则，她每找一份工作，就会规划好一切，比如，多久找到工作，找到工作后多久开始投入工作，一个星期要做到什么状态，一个月要做到什么状态。

所以，她想尽快以自己安排好的时间，来投入工作，否则浪费时间就是"自我谋杀"。

听到这里，她觉得自己挺佩服这个女孩的，她对女孩说虽然自己工作资历比她老，但是至今还没有正式给自己拟定过那么周密的工作计划呢。女孩于是继续告诉她，就是因为这样，所以她每一份工作做得都很用力，基本上她已经习惯了这种狠狠对自己的状态，于是觉得必须马上开始自己的工作计划，否则就没有办法生活。

她于是问，那你有没有想过这种看似很用力的方式，其实结果也许会适得其反？

女孩回答说，我觉得每一次用力之后一定会有一个好结果，现在努力就是为了将来毫不费力，我就是安排好的事情就必须马上去做，我的青春只有一次，所以我必须要在有限的青春里把自己想做的事做完，否则我觉得我的人生是很失败的。

她越来越无法认可女孩的人生态度，于是试探性地问，那你有没有想过其实人生有另一种活法呢？比如说，你可以为自己制订计划，其实不一定事情的发展都会按照你的计划来，如果结果与你的计划违背，你可以试着改变最初的规划，顺其自然地走下去。另外就是，你在职场的积累，不一定是你在工作上做出了什么，其实更重要的是懂得如何协调职场关系，和处理个人心态的问题。

女孩听完她这番话，似乎并不苟同，马上摇头，说如果不按照自己规划好的方式去做，有再成功的职场关系和人际关系都没有任何用。如果没有想办法去执行自己的计划，自己就会痛不欲生。

她于是问，那你生活中有能懂你的朋友吗？

女孩回答说没有，她说她在别人眼里是个怪胎，当女生们都相约着去逛街购物做美容的时候，她却在周末把自己关在家里，读书学习定计划，她觉得她们的人生没有目标，她不喜欢她们那样的人生，她的人生注定与众不同。

看着这个自信到自负的女孩，她忽然感觉到一种悲哀。

于是，她问了女孩最后一个问题：你这么用力，仅仅是为了你自己吗？女孩说，当然不是，如果为了我自己，我可以活得更潇洒，我是为了成为别人眼里的骄傲和与众不同，为了家人的期许，为了成为兄弟姐妹眼中的楷模。

她无语……

一个星期后，女孩给她发了一个短信，大概的意思还是希望尽快给出应聘结果，不行她就考虑换别家公司。

她给女孩回了长长的信息，告诉她，她的这种状态已经偏离了常规，这种太用力的方式，其实是一种很严重的焦虑，会让人无法静下心来踏实工作，而且一旦有遇到被否定的地方，就会万念俱灰，一个经不起失败的人，也经不起生活的考验。

没错，这样很用力很使劲地状态，真的让人害怕。尤其是为了做给别人看的时候，就更可怕了。一个用力为别人的眼光而活的人，终有一天会因为某一次的不被认可，而崩溃。这不是一种健康的状态。

其实，职场里有很多刚毕业开始工作的孩子们，都是宠辱不惊的状态。

他们每天都很轻松快乐，就像在北大课堂听课一样，喝喝茶聊聊新闻，遇上加班的时候也一样嘻嘻哈哈，工作累了互相聊聊天，打打趣，在他们身上没有狠狠用力拼了命的负累，他们不会为了别人的赞许而表现自己，也不会为了别人的要求而活，他们的脸上永远洋溢着宁静的微笑，还总是不乏生活的幽默。而他们的工作效率，因为没有狠狠的压力，反倒效率很高。

人生中，有些事情真的不必那么用力，小到今天的每一个细节的表现，或者是生活中的每一个不开心的时刻，大到关于自己未来的人生规划，没必要都要写到厚厚的人生规划里。因为你会发现未来归向何处，都是在未知的摸索下一步步走下去才能感知得出来的，比如，职业、婚姻、家庭、孩子，比如，人生发展和为人处世的态度，这些无形的东西，都是在没有预测的情形下，摸着自己的心，问问自己想要什么，跟着感觉，循序渐进地走出来的。

当然这个不用力，不是不努力，坐等美好人生到来。这个不用力，就是不为了别人希望我们有钱了就能幸福，我们就拼命做有钱人；不为了别人以为结婚了不生孩子该创业，我们就压抑自己想生孩子的心；不为了别人认为只要出人头地就可以叱咤风云了，我们就不干到死不罢休。这种苦大仇深只会让我们的人生满是压力与无奈，就算有一天真的成功了，也会因为用力过猛的疲惫，而无缘快乐。

太过周密急切的人生，是一种拔苗助长的早秧。

遇见不慌不忙的自己，即使未来没那么美，也会在将来的某一刻，感受到一种轻盈的幸福吧。

失去的，终将用最美好的未来去"逆袭"

或多或少的，我们都在失去着什么。

每一次的失去，心像是被掏空一样，仿佛全世界所有的美好期盼都在顷刻间荡然无存，在心中蠢蠢欲动的未来，活生生被剥夺得体无完肤。

好像一夜之间，自己变得一无所有，只剩下自卑，在黑暗的角落里喘息，看不清曾经的期许错在哪里，现在的坚持为了什么，未来的落脚点在何处停留……

本来以为很快就走到终点的幸福，突然就变成了一道又一道的弯路。

她毕业于名牌大学，是全校出了名的优等生。大学期间脱颖而出的经历，一度让她满心优越感，身边的老师同学都认为这样的她，未来的前景一定繁花似锦。

她自己也是这样笃信不疑。

不曾想到的是，毕业后，骄傲的她，一次次在被否定后，节节败退。甚至，她开始怀疑上学时那个能干骄傲的自己，是自我编织的一个梦。

"什么狗屁繁花似锦的未来，不过是那些年满足自我虚荣的自我欺骗。"那一天，她在找工作碰了第二百二十回钉子后，哭着回到出租屋里，甩给自己这样一句话。她住在一个和别人合租的单间里，为了省钱，她只能过着和别人合租的尴尬生活。那是一个远离地铁站的地段，出门找工作需要倒好几次公交车才能到达目的地，她每天都会为了找工作早出晚归，带着一丝希望出门，再带着满肚子失望归来，在行李堆满地的屋子里，把自己扔到床上，盯着天花板发呆。

这样的日子，她忽然觉得自己失去了很多，自信、骄傲、激情、动力、勇敢，她觉得自己像个懦夫，一天天地看着充满信心的生活被掏空，只剩下自卑，像个怪兽一样，在瞪着铜铃般的大眼睛，戏谑地看着自己。

那一晚，她失眠了，回想起大学时的豪言壮语，回想起那时编织在青春里的一个又一个梦，可现在，似乎已经没有了实现的可能，于是那些曾经的梦，像是一根根尖锐的针，深深地扎入她的心。

所有美好的未来，被淹没在这个都市下面，她觉得自己成了典型的蚁族，没有未来没有希望的蚁族。

她看着偌大的城市，迷茫到无能为力。看到她的境况，很多人也随之对她的未来失去了希望，原本家人以为毕业名校的她，能在北京找到一份好工作，过上美煞旁人的生活。可是，现在的她却自身难保，于是父母兄长都建议她别在北京硬撑着了，赶紧回老家工作结婚，既然留在北京的梦破灭了，就回家吧，至少可以过一份平凡的生活，也就知足了。

她咬紧牙关跟家人说，"你们就让我再坚持一年，一年后如果我还是这个样子，就回家。"

家人坚决不同意，因为此刻的她已经身无分文，每个月卡里的钱，还是家人七拼八凑打给她的。每次想到这些，她的自尊便一次次绞痛了她的心。她立志不花父母的钱，可是到了交房租的时候，扛不下去的她还是不得不向现实低头。

尽管如此，她还是选择了留下来，人生是自己的，尽管山穷水尽，她还是要为自己做一回主。留下来，向别人证明自己，总有一天，她会把所有失去的，用最美好的未来去逆袭。

对，"逆袭"，她喜欢这个词。

但是，后来的日子，她依旧到处碰壁，无数份投出去的简历，全部石沉大海；虽然面试的公司很多，但全都让回家等信儿。

慢慢地，她开始怀疑自己，到底是自己的选择错了？还是人生错了？到底应该坚持下去？还是应该全身而退？如果坚持下去，又能坚持到什么时候？干吗为了证明自己的选择没有错误，而苦苦挣扎？自己做的一切到底是为了什么？管它失去了什么，管它有没有未来，如果现在回老家，有可能已经是事业爱情双丰收了呢。

想到这里，内心还是矛盾不已，她看着灯火辉煌的北京，看着这个一次次燃起自己的梦想，又一次次将梦想掩埋的城市，她更加迷茫了。毕竟，这种无依无靠，又失去了自信的日子，让她有些负累不堪。

那一天，是她心情最糟糕的一天，她做的文案被面试公司批得一无是处，流着眼泪回到家，接到了妈妈打来的电话，她立刻擦干眼泪，深吸一口气。

拿起电话的那一刻，她原本想把自己这长久以来积郁在心底所有的痛苦都倾诉出来，她想告诉妈妈她要回家，可是，那一刻脱口而出的竟然是：妈妈我很开心，我很快就会找到工作的，你们放心，我过得很好。

挂了电话，从虚构的理想回到现实中，她擦干眼泪，准备着继续投简历。

奇迹终于来了，几天后，她收到了一家外企公司的录用通知，月薪六千，转正后年薪十万，年底会有提成，非常有发展潜力的一家企业，但是做这份工作有一个条件，就是要接受无条件的加班。

她欣喜若狂，别说加班，就是天天住在公司都行。

就这样，她开始了拼尽全力的逆袭。

逆袭，需要的不仅仅是勇气，后来的那些年，她忘记了这个世界上还有时间这回事，天没亮就出门上班，天快亮才能合眼，每天只睡三四个小时。好多年，她没去过商场，很少购物，没看过电视，没有一次旅游，没睡过懒觉。

除了上班，身在外企的她知道竞争的激烈，她每天早起学英语，累了就"头悬梁锥刺股"。这种日子，持续了三年之久。

很多人都说她在用身体换成功，她只是笑笑，依旧做着自己想做的事情。两年后，她的能力和勤奋打动了总裁，因为突出的业绩，她直接被晋升为经理，年薪二十万。她的飞越美煞身边的人，可是，人们却不知道她为此付出了多少。

一年后，她在跳槽后的另一家公司，做了副总经理。此时此刻，她已经是一个年薪五十万的大金领，有房有车，还认识了一个家世很好的男朋友，彼此恩爱，谈婚论嫁。

她，终于找回了那些年失去的一切，她，终于逆袭成功，在北京过上了体面的生活。

她知道自己这一路走的很难，但她从不曾后悔。

六年的时光，从一无所有到应有尽有，现在有的生活，不是谁给的，不是谁安排的，是自己争取来的。这些年，她明白了，自己想要的生活，只有自己能给。从不依赖从不寻找的经历，让她学到了很多东西，更看到很多不同的风景，认识了不一样的人，这一路的经历，她一点点失去自己，失去希望和自信，但是最后，又一点点都找了回来，这种逆袭的勇气，就是以后生活的动力。越活越有力量，却不是被岁月磨去锋芒，这其实比什么都重要。

　　她用大汗淋漓的沸腾人生告诉我们，追梦的逆袭，需要敢做自己，更需要敢做自己想做的事，和自己想坚持的梦。

　　这一路，你在自己走过的人生里，经历了什么？感受过什么？体会到什么？去过哪些地方？遇到过什么人？在哪儿跌倒？又在哪儿爬起？……只有你自己知道。这一路，你带着自己走过人生，这一路，你不后悔。

　　因为，走过哪些弯路不重要，重要的是，这一程又一程的风景里，你遇到了最好的自己。

　　你始终相信，失去的，终将用最美好的未来去"逆袭"。

成功需要把握人生关键转折点

　　每个人的成长历程中，都有那么几段比较重要而关键的转折点，这就使同时出发的人们在经历了转折关卡后，走上了截然不同的路，过上了完全不同的生活。时隔多年，再回首那些年人生的转弯处，那时的每一份感触，仿佛都近在眼前，似乎一下回到了当时的心境，但当年的选择权却再也回不去了。

　　这些人生的转折处，如崎岖蜿蜒的山路，时而平缓时而跌宕，暗藏玄机，这让不谙世事的我们，在那些年少轻狂的岁月里，往往来不及思考。

　　每一处转折都是人生的分界线，有的人敢活出自己就走到了自己想要的生活中去；有的人却因为重重顾虑而错失了自己原本想要的幸福，最后经历劫难也未必如愿……就在不经意间路过这些转折处的一瞬间，一念之间，我们的人生就变得不一样了，过后再回望，已经没有了再次选择的资格。而多年后，已是时过境迁，今非昔比。

　　小云说自己自从工作后，就像是登上了"旋转木马"，只要音乐响起，一圈又一圈的旋转便开始了，永不停歇的喧嚣后是焦躁不安的心灵。未曾实现的理想如同魔咒般，挟持了原本幸福的生活，想离开却是那么的身不由己。

她何尝不明白，人生就是一个又一个的单选题，必须放弃一个才会得到另外一个。所以，每个转弯处的抉择，就显得特别重要了。

于是，小云迎来了自己人生的急转弯，生命中一场轰轰烈烈的辞职。决定辞职时，三十岁的她已经做了业务经理，收入不错，工作风生水起，与上司同事相处都不错，看上去一切都是那么美好。可是只有小云自己内心知道，她不喜欢机械式的工作，不喜欢循规蹈矩的生活，甚至厌倦了自己工作狂的模样。她喜欢站在 CBD 的楼顶，看着鸟儿自由地飞过，幻想着自己有一天也可以活得如此洒脱。

终于有一天，她决定不再为了执拗的理想而断送了自己的幸福，小云辞职了。很多人以为离开后的她会找一份更加有发展的工作，可是她决定肆意任性地待一段时间，趁年轻过一过无聊闲散的生活。她说也许只有这样，才能想清楚自己真正想要的到底是什么。

恐怕没有能有勇气像小云一样在事业如日中天时挥手而别，而且一别就是一年。这一年，她旅游、回大学听课、学各种乐器，做很多无聊却很有意义的事情。在小云的眼里，生活应该是不同的风景，一年的时间并没有让她的脑子变空，反而积累了很多全新的生活体验。于是一年后重出江湖的她，重拾大学时的文学专业，做了一名自己梦想了多年的杂志主编。

小云还记得当年，自己决定离职时，令很多人不解。对于这个选择，小云认为，永不停歇地不断重复自己的过程，本身就是一种精神的麻痹，有一天会真的在麻木中忘记自己的初心，如此这般，一辈子也就这样了。想要得到前先得学会转身。转过来后她才发现，原来自己早已厌倦了这样生活，原来自己多么希望能够过得更充实一点，多么希望学到更多的东西，看到更多的世界……

没人能够保证人生的转弯处一定是鸟语花香，豁然开朗，所以跟着自己想要的感觉走才是最重要的。一件事，如果一定要有百分百的把握再去做，也许永远都没有机会再看到自己想要的结果了。当我们要去做一件事，想好最坏的结果，想清楚这个结果后，如果能够接受，那就去做。除了原则性的问题，没有什么事情是绝对正确，或者绝对错误的，关键看自己想要的是什么。

很多时候，我们总是在想：我的生活为什么走到了这一步？为什么会变成现在这样？是什么把我推到了这里？回忆过往，往事似乎历历在目，又似乎如梦如幻。其实不论曾经的现实条件如何，以及现在过着怎样的生活，都是一路走来选择的结果，性格使然兼或某种顾虑，让你在当时的境况中有了这样那样的选择，无论是情愿还是不情愿，日子就这样一天天过去，你就过上了现在的生活。

所以，当下我们要做的选择，要转身的决定，就显得非常重要了。

怡然三年前第一次怀孕，当时她刚毕业参加工作，原本想要这个孩子，可是家人认为有可能因此而失业，于是便在家人的建议下忍痛做了人流。随后工作越来越忙，事情越来越多，要孩子的事情也慢慢被耽搁了下来。每当看到同龄的女性朋友不光事业有成，生孩子的大事也跟着一步到位时，她就后悔不如当初把孩子生下来，现在也可以一心一意毫无后顾之忧地做事业。

一次同学聚会遇到了当年的同桌，事业有成孩子也生了。怡然羡慕不已，席间同桌一番话更是点醒了她。同桌说："很多成功的女人在年轻时都生了孩子，还不是一样步步高升，生孩子和经济条件无关，和工作性质也无关，虽然工作机会很重要，但是只要你本身有能力，就不在乎那一两年，而且生孩子是女人一生必经的事情，所以早生总比晚生强，生完后了无挂虑重新投身职场时，你便能踏踏实实地做好以后的工作了。"

怡然如梦初醒，终于鼓起勇气，给了自己一个生孩子的理由和动力：女人的一生，生比升更重要。

　　经历过"生孩子"这一人生转折后，怡然的工作的确被搁置了一两年，然而她却丝毫不后悔。因为在她看来，作为女人，生孩子没有最好的时机，只有最适合生育的时候，孩子是生命中最重要的一部分，也是不可或缺的一部分，所谓的物质条件和事业基础，做到什么样儿才算是个头呀，而孩子是上帝的恩赐，所以要感恩，他来了，就留下他。

　　在任性的勇气里逼自己一把，要孩子的事情也是一样。怡然说："女人的一生有权利去享受孕育生命的过程，不要把这个过程看作是对生活的妨碍和摧残，更不要把自己要不要孩子的权利交给别人来决定。有了孩子后，我们会因为成为母亲而变得成熟、自信、完满。而这些优点也将会在未来的生活中绽放出更耀眼的光彩。"

　　人生都会遇到转弯处，因为前路的未知，所以可能是机会，也可能是风险。我们总是因为过分夸大风险，而错过了最佳的机会。其实，正因为充满着未知的变数，生活才充满挑战，才让人感到热血沸腾，不是吗？

　　那么，给自己一份勇气，在必要的时候，转个弯吧，然后一直走下去，走到自己想要的生活中去，尽情欢畅……

愿你遇见美好的人生，从此盔甲离身

每个人似乎都曾经披着厚厚的盔甲，游走在危机四伏的人生路上。

一路走来就算负累重重，也不愿意片刻卸下，给自己一丝喘息的机会。

那是因为，伤痕累累的内心，需要密不透风的装备，来自我伪装和保护。

一个绝症女孩说过一句话：人生诸事艰难，却觉万物美好，我宛在水中央。

很文艺的一句话，透着莫大的勇气。

世间事有时复杂的让人不寒而栗，每一次成长的代价，都是对痛苦的彻悟，于是那些怀揣着儿时的天真烂漫，被迫隐藏，不得已而扼杀。

于是，我们的眼神不再清澈，不再相信世间的美好可以在自己的生命中绽放，也不再轻易交出自己的真心，仿佛每一次毫无防备的交出，换来的都是措手不及的伤害。

不是忘记了纯良的初心，而是初心经不起情伤。

我们没有了勇气，去选择相信。

可是，不再相信，这种感觉一点都不美好！当我们不愿意再把真情付出，受伤害更多的，好像还是我们自己。

有一天你会发现，真正地长大，不再是不顾一切，而是卸下防备。

是的，我们没必要不顾一切地付出着真心，而是懂得把时间和真心浪费在美好的人和事上。我们也可以选择相信，但是不会漫无目标地相信，我们会把信任留给懂得欣赏和珍惜这份信任的人那里，会在懂我们的人那里快乐散布。

不顾一切是一种自贱，卸下防备才是一种自愈。

没错，我依然觉得很庆幸，我依然可以初心不改。

这些年，雪一直活在恨里。

当她还是个两岁的婴儿时，父母就遗弃了她。当她长大懂事后得知真相的那一刻，她就选择了仇恨，连自己亲生孩子都可以不顾的母亲，一定是一个不可饶恕的人。

很多人都曾经劝过她，也许那一刻父母因为某些不得已的原因，才不得不选择放弃她，试着去理解，也许是心灵最好的解脱。雪却觉得，亲情能残忍到此，没有不得已。

雪的童年看上去快乐无忧，但是，她的心底却深深地潜藏着一种难以抹去的阴影。

养父母家庭条件丰裕，雪从小衣食无忧，她应该是个幸福的女孩。大学毕业后，顺利进入国企工作，拿着丰厚的薪水。但是面对感情，她却心有余悸，在每一次的恋爱中，年幼时被伤害的阴影一直横亘在情感中间，每一次她都爱得很真，却不敢跨过那道心理防线，那种莫名其妙的被抛弃的不安全感，成了她和男朋友之间的障碍，所以，每段爱情她都选择先离开。而每次的离开，都给人仓皇而逃的感觉。

那一次，在下班后走出公司大门的时候，她看到一个中年女性眼神直直地看着她，带着几分畏惧与犹豫地向她走来。脑海里忽然浮起小时候曾经看过的生母的照片，没错，就是她。她冷冷地转过身，打算快步走开。生母颤巍巍地喊道："雪儿，我，我可以和你谈谈吗？"

雪转过身，眼神里满是深深的嫌恶和猜测，她恨恨地说："你没有权利和我谈，你是不是过得不好，觉得我长大了，有可利用的价值了，来找我给你养老啊？"

其实，生母只是身怀愧疚和思念，想在自己还活着的时候，给予她这些年不曾给予的亲情。

但是，雪看到的，只是伤害。

雪知道，不是情感出了问题，是她自己的心理出了问题。

不再相信情感的生活，让她神经兮兮到焦虑不安。

生活的伤害，到最后都变成了自我伤害，那自己承受的岂不是双重伤害？

她曾经是一个单纯的女孩子，在一次次的伤害后，她"变卖"了所有的单纯和信任，为自己披上了一层厚厚的盔甲。

还记得曾经的自己。那时候她可以对别人一句略带点恶意的玩笑一笑置之，管你是不是不怀好意，我只要一个微笑就能杀死你。那时候，她可以对别人干涉自己的生活时指手画脚的态度听之任之，就算有些委曲求全，但是只要大家相安无事，自己也就乐得其所。那时候，她可以把每个人的心思都熬成温暖，她觉得那样也温暖了自己。

可是，有一天，当所有的委曲求全，忽然在一次次被伤害的事实浮出水面后，变成了一根燃烧着恨的导火线。

那一次，当她第一百〇一次拒绝了家人的相亲安排，跑到咖啡馆躲清静时，遇到了一个男孩。那是一个有着暖暖微笑的男孩儿，男孩儿看起来阳光单纯，高兴的时候总是呵呵一笑，沉静的时候微微蹙眉，样子有点像《太阳的后裔》里的宋仲基。

那一次，两个第一次见面的陌生人，居然聊得无比投机。她知道自己恋爱了，她也从男孩的目光里看到了一丝爱意。

第一次，那么认真地付出着自己的真情，她爱到飞蛾扑火。想到以后如果要在一起，一定要先见家长，于是她带着他见了家人。本以为一心催促自己相亲的家人会同意她们在一起，可是姐姐第一个表示反对，原因是男孩的家庭条件太差，将来物质生活会不堪一击。

长姐如母，父母似乎也开始倾向于长姐的意见，任凭她如何坚持，最好还是抵不过家人的反对，她无奈选择了妥协，选择了把生活的决定权交给别人。

分手的那一刻，看着男孩远去的身影，她痛彻心扉。

再后来，听说男孩找了一个温柔的女孩，结了婚。

就这样看着自己的幸福落入他人怀中，她痛不欲生，她恨长姐，恨她毁了她一生的爱情，毁了她一生的幸福。

从此以后，她没有再谈过恋爱。

那一年，她四十岁了，还是独身一人。

她不知道，到底是谁惩罚了谁，又是谁惩罚了她。

只是，她的人生里不只是孤单，还有那么多的不快乐。

其实，她完全可以在受伤之后，在恨过之后，重新开始更美的人生，那样的人生，才会将曾经失去的，用最美的未来去重逢。

她也完全可以在幡然悔悟之后，把人生的决定权重新拿回到自己的手里，学会独立，学会坚持，学会自己为自己的人生做主，学会去做自己想做的事，学会把握自己想要的幸福。

这样，就有了弥补自己人生的机会。

但是，她选择了一次伤害后，穿上了厚厚的盔甲，从此满心伤痕，刀枪不入，美好的事物，再也与我无关。

我们都曾单纯而美好，毫不设防，没心没肺地迎接着各种美好。我们都曾信任地把自己交给别人，让自己这张白纸画满别人的痕迹。然而，成长，会让所有的荒谬和伤害慢慢浮现，所以我们不得已给自己披上了一身盔甲，将曾经清澈见底的纯真，交给警惕和提防。

太过不设防，和太过设防，都不是最好的状态。

设防，是为了更好地甄别，自己想要的是什么，而不是盲目听从。而不设防，是为了不让那些被伤害后弹出的防御功能，在不经意间将我们遗落孤岛，推离美好。久了，心灵便不再有阳光照耀。

卸下那厚厚的盔甲，身心便不再疲惫，而那近在指尖的美好，也是那么的触手可及。

唯愿未来的你，遇见美好的人生，从此盔甲离身……